全国气候影响评价

CHINA CLIMATE IMPACT ASSESSMENT

(2022)

中国气象局国家气候中心　编

内容简介

本书是中国气象局国家气候中心气象灾害风险管理室业务产品之一。全书共分为四章，第一章气候概况，介绍了全球和中国2022年气候特征、成因以及主要气候系统基本特征；第二章分类综述了对中国影响较大的干旱、暴雨洪涝、台风、冰雹和龙卷、低温冷害和雪灾、高温、沙尘以及雾和霾等重大天气气候事件及其影响；第三章阐述了气候对农业、水资源、生态、大气环境、能源需求、人体健康以及交通等领域和行业的影响评估；第四章摘录了2022年各省(区、市)气候影响评价分析。

本书资料翔实、内容丰富，较好地概括了2022年中国气候与环境和社会经济因素之间相互作用及影响，可供从事气象、农业、水文、生态以及环境保护等方面的业务、科研和管理人员参考。

图书在版编目（CIP）数据

全国气候影响评价. 2022 / 中国气象局国家气候中心编. -- 北京 : 气象出版社, 2023.10
ISBN 978-7-5029-8047-4

Ⅰ. ①全… Ⅱ. ①中… Ⅲ. ①气候影响－评价－中国－2022 Ⅳ. ①P468.2

中国国家版本馆CIP数据核字(2023)第176841号

全国气候影响评价(2022)
Quanguo Qihou Yingxiang Pingjia(2022)

出版发行：气象出版社
地　　址：北京市海淀区中关村南大街46号　**邮政编码**：100081
电　　话：010-68407112(总编室)　010-68408042(发行部)
网　　址：http://www.qxcbs.com　**E-mail**：qxcbs@cma.gov.cn
责任编辑：陈　红　**终　　审**：张　斌
责任校对：张硕杰　**责任技编**：赵相宁
封面设计：地大彩印设计中心
印　　刷：北京建宏印刷有限公司
开　　本：787mm×1092mm　1/16　**印　　张**：8.5
字　　数：218千字
版　　次：2023年10月第1版　**印　　次**：2023年10月第1次印刷
定　　价：85.00元

《全国气候影响评价(2022)》
编委会

主　　编：钟海玲　陈逸骁　王国复

编写人员（以姓氏拼音为序）：

陈逸骁　代潭龙　冯爱青　高　歌　郭艳君

李　莹　刘　远　梅　梅　王国复　王有民

尹宜舟　翟建青　张颖娴　钟海玲　周星妍

朱晓金

序

我国气象灾害种类多、范围广、强度大、灾情重，全球气候变化加剧了极端气象灾害发生的频率和强度，体现了气象灾害的长期性、突发性、巨灾性和复杂性，同时也反映出应对气象灾害风险任务的艰巨性。气象灾害风险是指气象灾害对人类社会产生不利后果的可能性，且这种后果又往往不能准确预料，风险评估就是对风险发生的强度和形式等进行评定和估计。气候是气象灾害风险孕育的环境，影响则是气象灾害对各行各业产生的直接或间接后果。对气候特征以及气象灾害影响进行逐年总结评估是认识气象灾害时空变化规律的重要手段，有利于公众了解当前气象灾害风险状况并增强风险意识。

2016年10月11日，中央全面深化改革领导小组审议通过了《关于推进防灾减灾救灾体制机制改革的意见》，指出推进防灾减灾救灾体制机制改革，必须牢固树立灾害风险管理和综合减灾理念，坚持以防为主、“防抗救”相结合，坚持常态救灾和非常态救灾相统一，努力实现从注重灾后救助向灾前预防转变，从减少灾害损失向减轻灾害风险转变，从应对单一灾害损失向综合减灾转变。“十三五”时期是全面建成小康社会的决胜阶段，贯彻落实“五位一体”总体布局、“四个全面”战略布局和新发展理念，如期实现经济社会发展总体目标，健全公共安全体系，都需要不断创新防灾减灾救灾体制机制。“十四五”时期是我国全面建成小康社会、实现第一个百年奋斗目标之后，乘势而上开启全面建设社会主义现代化国家新征程、向第二个百年奋斗目标进军的第一个五年。

近年来，随着我国气象防灾减灾工作不断深入，每年因气象灾害造成的直接经济损失占GDP比重逐渐下降，死亡和失踪人数显著减少，这表明我国的气象灾害风险管理能力正在日益增强。但是在全球气候变化的大背景下，我国各类气象灾害的危险性依然呈现加重趋势。气候预估结果显示，未来10～20年我国气温将持续升高，极端高温、强降水、洪涝和干旱等灾害风险增大，大气环境容量继续减少，污染扩散能力变弱。应对气候风险需从战略高度上重视气候安全问题，继续强化气候风险管理，合理开发气候资源，保护气候环境。

在极端气象灾害呈频发态势以及防灾减灾形势更加严峻复杂的背景下，《全国气候影响评价(2022)》内容重点围绕“气象灾害”以及“行业影响”，深入浅出地介绍当年气象灾害发生的背景、特征以及对行业的影响，并对当前新的评估方法和热点问题进行了详尽介绍。相信本书的出版，将有利于提升科技支撑水平，有效推动气象防灾减灾救灾事业的发展。

2023年8月15日

前　言

1983年，本着“为了向党及国家各部门提供制定决策或规划时所需的综合性气候情报资料”的初衷，由原北京气象中心气候资料室（现国家气候中心气象灾害风险管理室）组织专家编写全国气候影响评价，记录当年全球及中国的气候概况，评述主要气候事件及灾害对农业、水利、交通等行业的影响。近40年为政府做好防灾减灾和重大决策提供了重要依据，为社会公众了解气候、灾害知识提供了翔实的信息。

近年来，随着人们对气候、气候变化以及气象灾害的认知逐步加深，以及社会经济的飞速发展，气候与气候变化影响评价业务逐步向气象灾害风险管理业务转变，相关业务也正面临着新的形势和新的需求。

气象灾害客观事实愈发严苛。我国是世界上自然灾害最为严重的国家之一，灾害种类多，分布地域广，发生频率高，造成损失重。近年来，受全球气候变暖的影响，极端天气气候事件趋多趋强，我国面临的气象灾害及其次生、衍生灾害风险正在不断加大，由此造成的灾害损失也在不断增加。据统计，近5年我国平均每年因天气气候灾害造成的直接经济损失接近或超过3000亿元。

防灾减灾战略面临新要求。为全面提高国家的综合防灾减灾救灾能力，习近平总书记指出：要努力实现从注重灾后救助向注重灾前预防转变，从应对单一灾种向综合减灾转变，从减少灾害损失向减轻灾害风险转变。为实现“三个转变”，加强决策气象服务的有效供给，气象灾害影响评估等工作应通过新的产品、新的技术在灾前预防、综合减灾和减轻灾害风险中发挥更大的作用。

国内外更加关注气象灾害风险管理。2010年，坎昆世界气候大会通过了《坎昆适应框架》，提出将抵御极端气候事件和灾害风险管理作为适应气候变化的核心内容。2011年，政府间气候变化专门委员会发布了《管理极端事件和灾害风险，推进气候变化适应》特别报告，以灾害风险管理和气候变化适应为主线，对全球气候变暖背景下灾害的变化及影响作出评估，并提出供各国政府有效管理极端天气气候事件和灾害风险的选择措施。2015年，我国也发布了《中国极端天气气候事件和灾害风险管理与适应国家评估报告》，综合评估了气候变化背景下极端气候事件的情况并阐述了灾害风险管理和适应措施的进展，为我国管理极端事件和灾害风险提供了重要参考信息。

气象灾害风险管理的服务对象更加广泛。党的十八大以来，强调要牢固树立和贯彻落实“创新、协调、绿色、开放、共享”五大发展理念，适应推进新型工业化、信息化、城镇化、农业现代化和国家治理能力现代化的需要，坚持服务民生、服务生产、服务决策的宗旨。面对新形势和新要求，气象灾害风险管理作为公共气象服务的主要内容之一，应该主动在提高政府公共服务水平、促进经济快速平稳发展和保障人民群众福祉健康方面发挥更加突出的作用，其服务对象也应该由服务政府向服务行业、服务公众拓展和转变。这些转变可以看作是气象灾害风险管理领域的供给侧改革，其目标就是以精准定位和科技创新来优化业务和科研资源的配置，主动适应形势变化，全面提升服务能力，更好满足各方需求。

气象高质量发展纲要（2022—2035 年）明确提出发展目标，即：到 2025 年，气象关键核心技术实现自主可控，现代气象科技创新、服务、业务和管理体系更加健全，监测精密、预报精准、服务精细能力不断提升，气象服务供给能力和均等化水平显著提高，气象现代化迈上新台阶；到 2035 年，气象关键科技领域实现重大突破，气象监测、预报和服务水平全球领先，国际竞争力和影响力显著提升，以智慧气象为主要特征的气象现代化基本实现。气象与国民经济各领域深度融合，气象协同发展机制更加完善，结构优化、功能先进的监测系统更加精密，无缝隙、全覆盖的预报系统更加精准，气象服务覆盖面和综合效益大幅提升，全国公众气象服务满意度稳步提高。

适应新形势，注入新成果，满足新需求，国家气候中心对全国气候影响评价进行改版，内容凝聚了气象灾害风险管理的最新研究成果，保留了年度详尽的灾害事件信息，其参考价值进一步提升：面向各级政府，可为防灾减灾救灾决策提供科学支撑；面向行业和企业，可为灾害风险管控提供重要参考依据；面向科研院所和高校，可为相关研究提供资源查阅；面向社会公众，可以作为气候与气象灾害相关知识的科普宝库。

编写《全国气候影响评价（2022）》是一项系统工程，既需要大量的数据统计分析与核实，又需要新技术的研究与应用，还需要认真细致的文字凝练。为此，国家气候中心成立了由 20 多名专家组成的编写组和技术支撑组，经多次讨论形成初稿，并经初审、终审形成现在的报告。在此，衷心感谢编写组和技术支撑组为该书顺利出版所做的大量工作。

编者

2023 年 7 月 15 日

摘　要

2022年，全球平均气温较工业化前偏高1.1(±0.1)℃，为有气象记录以来的第五暖年。中国平均气温较常年(1991—2020年)偏高0.6℃，为1951年以来历史次高，春夏秋三季气温均为历史同期最高。全国平均降水量606.1毫米，比常年偏少5%，为2012年以来最少；冬春季降水量偏多、夏秋季偏少。夏季平均降水量为1961年以来历史同期第二少。六大区域中，东北、华南、华北降水量偏多，长江中下游、西南、西北降水量偏少；七大江河流域中，除长江流域和淮河流域降水量偏少外，其他流域降水量均偏多，辽河流域降水量为1961年以来第二多。2022年，华南前汛期开始早、结束早，雨量偏多；华北雨季开始早、结束晚，雨量偏多；东北雨季开始早、结束早，雨量偏多；华西秋雨开始早、结束早，雨量偏少；长江中下游入梅早、出梅早，梅雨量偏少；西南雨季开始早、结束早，雨量偏少。

2022年，中国气候状况总体偏差。暖干气候特征明显，旱涝灾害突出。区域性和阶段性干旱明显，南方夏秋连旱影响重；暴雨过程频繁，华南、东北雨涝灾害重，珠江流域和松辽流域出现汛情；登陆台风异常偏少，首个登陆台风“暹芭”强度强，台风“梅花”四次登陆，强度大、影响范围广；夏季我国中东部出现1961年以来最强高温过程，南方“秋老虎”天气明显；寒潮过程明显偏多，2月南方出现持续低温阴雨雪和寡照天气，11月末至12月初强寒潮导致多地剧烈降温；强对流天气过程偏少，但局地致灾重；北方沙尘天气少，出现晚。全年，全国因气象灾害及其次生、衍生灾害导致死亡和失踪279人，农作物受灾面积1206.3万公顷，直接经济损失2147.3亿元。

2022年，我国主要粮食作物生长期间气候条件总体较为适宜，利于农业生产。冬小麦和夏玉米全生育期内，光、温、水等条件总体匹配，墒情适宜，气象灾害偏轻，气候条件较好。早稻生育期内，产区大部热量充足，部分产区遭受强降水影响，灌浆成熟期局地出现“高温逼熟”。晚稻、一季稻产区气候条件总体较适宜，但部分地区遭受高温少雨天气和台风灾害，不利于农业生产。2022年全国降水资源量为2012年以来最少的一年，属于枯水年份。河南、江苏、安徽、湖北、上海、浙江、江西、湖南、重庆、四川、云南、西藏、宁夏、甘肃、新疆属于枯水年份；贵州属于异常枯水年份；河北、山西、广东、海南属于丰水年份；辽宁、吉林、山东属于异常丰水年份。受气温偏高影响，冬季北方采暖耗能较常年减少，夏季降温耗能较常年增加。东北大部、内蒙古东北部、华北大部、黄淮、江淮、江汉大部、江南北部和西部及陕西大部、重庆、贵州大部、广西北部、四川中部、新疆大部、西藏西北部和中部等地舒适日数较常年偏少；新疆北部部分地区、甘肃大部、青海、宁夏大部、浙江东部、福建东部、江西南部、广西中南部、西藏东南部等地偏多。全国大部分地区交通运营不利日数有 20～60 天，其中江南大部、华南大部及吉林东南部、黑龙江西北部、内蒙古东北部和西部、新疆东部和南部局地等地超过 60 天。

Abstract

The global concentration of major greenhouse gases continued to rise in 2022, while the surface temperature was 1.1 (±0.1) ℃ higher than pre-industrial period, making 2022 ranked the 5th warmest year on record. The average temperature in China was 0.6 ℃ higher than reference period (1991—2020), ranked the 2nd warmest year since 1951, accompanied with the warmest spring, summer and autumn. The average precipitation was 606.1 millimeters in China, 5.0% less than reference period and the least since 2012. For the six geographic regions of China, annual precipitation was higher than reference period in Northeast China, South China and North China, lower in the middle-lower reaches of the Changjiang River, Southwest China and Northwest China. For seven river basins in China, less precipitation was found in the Yangtze River and Huaihe River, and more precipitation than normal year was found in the others, especially, the precipitation of Liaohe River was the second highest since 1961. In 2022, the pre-rainy season in South China started and ended earlier than normal with abundant precipitation. The rainy season in North China started earlier but ended later with more rainfall. The dates of beginning and end of the rainy season in Northeast China were earlier than the climatological dates with more precipitation. All of the Meiyu in the middle-lower reaches of the Yangtze River, autumn rain in West China and the rainy season of Southwest China started and ended earlier with deficient precipitation.

In 2022, the climate condition was worse than normal in China. Under the background of warm-dry climate, the drought and flooding disasters occurred frequently. There was apparent stepwise feature in regional drought, and southern China was heavily affected by long drought in summer and autumn. South China and Northeast China encountered heavy rainstorm processes, resulting in severe flooding disasters in the Pearl River basin and the Songliao River basin. The number of landing typhoons was below normal, but the intensity of the first landing 'Chaba' was strong and 'Muifa' landed four times during its lifetime with great intensity and wide impact.

In summer, China had the most extensive, extreme and long-lasting heatwave since 1961. A successive hot autumn was observed in southern China. More cold surges than normal affected China. In February, persistent cold, rainy, snowy and sunless weather was observed in the southern region of China. From late November to early December, the strong cold waves caused severe cooling over a large area. The severe convective weather process was less than normal, but caused relatively heavy losses in local areas. Sandstorm weather appeared less frequently and later than normal in northern China.

In the whole year, meteorological and climate related disasters caused about 279 people to be killed or missing. The affected area of crops was 12.063 million hectares and the direct economic losses reached 214.73 billion RMB.

The climatic conditions during the growth period of major grain crops in China in 2022 were relatively suitable and conducive to agricultural production. For the growth areas of winter wheat and summer corn in China, the climatic conditions including light and heat matched well, the soil moisture content was suitable, and disaster losses was light. Although with sufficient heat content, the early-season rice yield during its growth period in some areas were greatly affected by heavy rainstorm. Moreover, some were forced ripening during the mature stage of grouting in some local areas. The climatic conditions of late-season rice and single-season rice growth areas were good, however, some areas suffered from persist droughts in summer and autumn or typhoon disasters which had great negative effects on the yield.

The total precipitation water resources were the least since 2012 in China, with relatively dry in Henan, Jiangsu, Anhui, Hubei, Shanghai, Zhejiang, Jiangxi, Hunan, Chongqing, Sichuan, Yunnan, Xizang, Ningxia, Gansu and Xinjiang Provinces, and exceptionally deficient in Guizhou Provinces. In contrast, the water resources were abundant in Hebei, Shanxi, Guangdong and Hainan Provinces, especially in Liaoning, Jilin and Shandong Provinces. The average temperature in winter in northern China was higher than normal year, thus the heating energy consumption was lower. In summer, the cooling energy consumption was higher than reference period. Most of Northeast China, Northeast Inner Mongolia, North China, Huanghuai, Jianghuai, Jianghan, northern and western Jiangnan, as well as most of Shaanxi, Chongqing, Guizhou, northern Guangxi, central Sichuan, Xinjiang, northwestern and central Tibet, have fewer comfortable days than usual; Some areas in northern Dzungaria, most of Gansu, Qinghai, most of Ningxia, eastern Zhejiang, eastern Fujian, southern Jiangxi, central and southern Guangxi, and southeast Tibet are more. The number of unfavorable days for transportation operations in most regions of the country ranges from 20 to 60 days, with most of Jiangnan, South China, southeastern Jilin, northwestern Heilongjiang, northeastern and western Inner Mongolia, and eastern and southern Xinjiang exceeding 60 days.

目　录

第一章　气候概况

第一节　全球气候特征

2022年，全球平均气温比工业化前偏高1.1(±0.1)℃，为有气象记录以来的第五暖年。全球海洋热含量创下历史新高，海平面继续上升，且加速上升趋势明显。北极海冰面积低于常年值，南极海冰面积创下历史新低。年内，巴基斯坦、韩国、印度、孟加拉国、澳大利亚东部、巴西和非洲中部和南部地区遭受暴雨洪涝；北非地区和东非大部分地区发生严重干旱；欧洲、中国、美国、日本、巴基斯坦和印度等地遭遇创纪录的高温热浪；北美和欧洲遭受寒潮和暴风雪侵袭；强对流天气频繁袭击全球多地；全球共生成40个热带气旋，数量和强度均低于历史平均水平。

一、地表温度位列历史第五位

2022年是21世纪第一个"三峰"拉尼娜年，全球拉尼娜事件自2020年9月开始，并于2021年6—8月短暂休整，之后持续至2023年。旷日持久的拉尼娜现象影响着全球降水模态，同时也影响着全球气温，带来了明显降温效果。尽管如此，2022年全球平均气温较工业化前偏高1.1(±0.1)℃，位列历史第五位。同时，2015—2022年可能是有记录以来最热的8年(图1.1.1)。

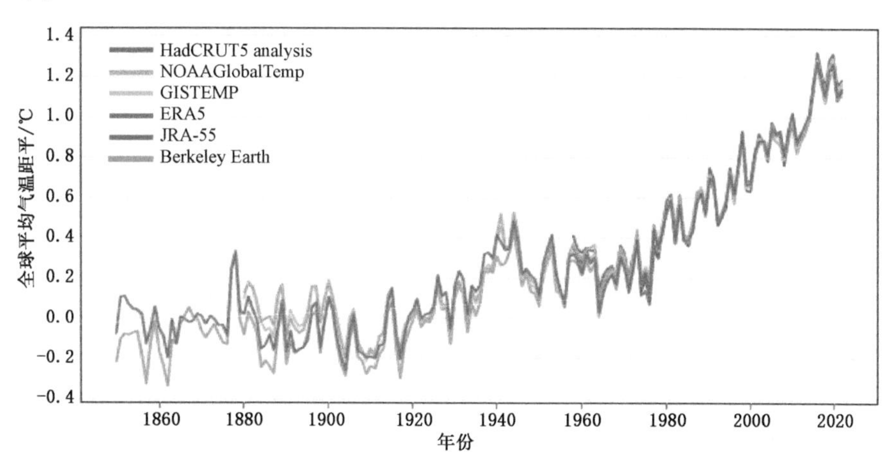

图1.1.1　全球平均气温距平(相对1850—1900年平均值)历年变化(WMO, 2023)
(HadCRUT 5 analysis是英国气象局和英国东英吉利大学联合发布的全球温度资料集；NOAAGlobalTemp是美国国家海洋和大气管理局发布的全球温度资料集；GISTEMP是美国国家航空航天局发布的全球温度资料集；ERA5是欧洲中期数值预报中心发布的全球大气再分析资料集；JRA-55是日本气象厅发布的全球大气再分析资料集；Berkeley Earth是全球陆地温度数据集)

在陆地上，西欧、地中海西部、中亚和东亚部分地区以及新西兰的年气温创下了历史新高。在海洋上空，创纪录的温暖延伸到北太平洋、南太平洋以及南大洋的广大地区（图 1.1.2）。加拿大、非洲南部和北部部分地区、澳大利亚部分地区和南美洲部分地区的气温低于 1991—2020 年的平均水平。热带太平洋较低的平均气温与同期的拉尼娜现象有关，而拉尼娜“冷舌”周围地区平均气温却偏高，从北太平洋沿太平洋西缘一直延伸到南太平洋（图 1.1.2）。

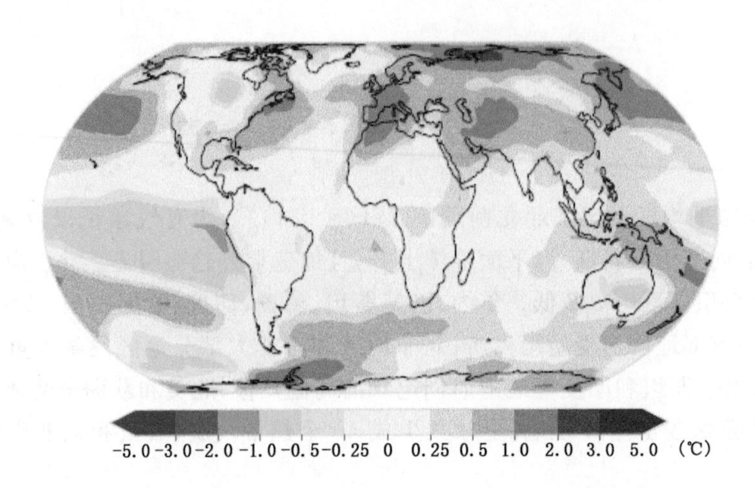

图 1.1.2　2022 年全球平均气温距平（相对 1991—2020 年平均值）空间分布（WMO, 2023）

二、海洋热容量创历史新高，海平面继续上升，南极海冰面积创历史新低

2022 年，上层 2000 米全球海洋热容量超过了 2021 年创下的历史纪录，再创历史新高。强变暖发生在南冰洋、北大西洋和南大西洋，局部变暖超过 2 瓦/米²。海洋变暖毋庸置疑，同时也是衡量地球能量失衡的一个关键指标，空气中过量的温室气体将更多的热量聚集在气候系统中并推动全球变暖。由于海洋热容量大，90%以上的热量聚集在海洋中，其余的热量表现为大气变暖、陆地变暖变干、陆地冰川和海冰融化。2022 年，全球平均海平面继续上升。在有卫星观测的 30 年（1993—2022 年）中，全球平均海平面上升速率为 3.4±0.3 毫米/年，但相对于第一个十年（1993—2002 年），近十年（2013—2022 年）该速率翻了一番，超过 4 毫米/年。2022 年，北极海冰面积在大部分时间都低于 1991—2020 年平均值。2022 年最小的北极海冰面积约为 467 万千米²（9 月 18 日），位列历史第 10 低位。2022 年 2 月 25 日，南极海冰面积降至 192 万千米²，为有观测记录以来的最低水平，比常年（1991—2020 年）平均值低近 100 万千米²。2022 年，南极海冰的总范围一直低于常年平均值，并在 6 月和 7 月达到创纪录低点。另外，2022 年 10 月，南极海冰的年最大范围比平均最大范围低 80 万千米²。

三、全球降水分布不均

2022 年，东北亚、印度西部夏季风地区、东南亚、海洋大陆、南美洲北部地区、北美和加勒比部分地区、萨赫勒东部地区、南部非洲部分地区、苏丹、东欧、新西兰和澳大利亚的总降水量高于常年值；欧洲大部分地区、地中海地区、非洲西北部以及中东部分地区、中亚和喜马拉雅山脉、东非和马达加斯加、南美洲中部和南部以及北美中部和西部降水量较常年偏少（图

1.1.3)。2022 年,印度季风的爆发时间比正常情况更早,消退时间也比正常情况偏晚。印度次大陆的大部分地区比平均水平更潮湿,季风比常年向西延伸到巴基斯坦,季风降水引发大范围洪水。西非季风的爆发与 2021 年一样推迟了。在西非季风季节后期,总降水量高于正常水平。除东部和西部沿海地区外,总的来说,西非季节性降雨接近正常。

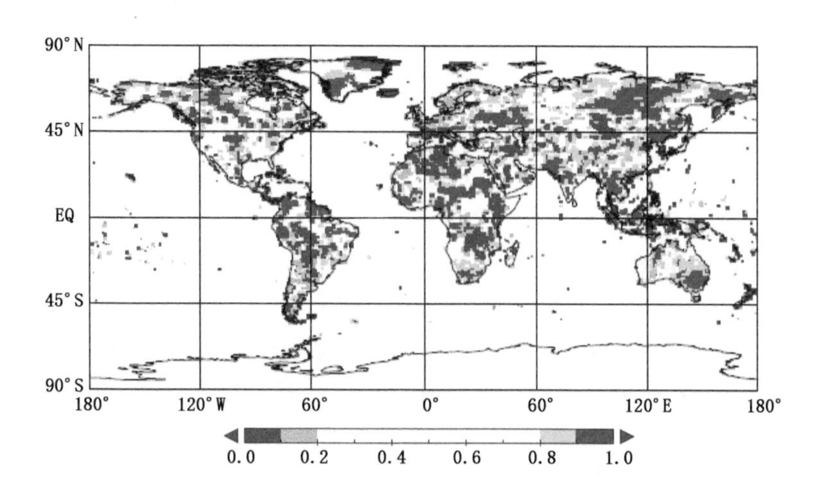

图 1.1.3　2022 年全球总降水量在历史基准期(1951—2000 年)的百分位数(WMO, 2023)

四、2022 年国外十大天气气候事件

1. 巴西频现严重暴雨洪涝灾害,灾损严重

2 月 11—16 日,巴西里约热内卢州多地出现极端降水,全州平均降水量约为 67 毫米,较常年同期偏多 1～2 倍。彼得罗波利斯市 15 日 3 小时降水量达 210 毫米,超过当地常年 2 月降水量,日降水量为当地 1932 年以来最大。5 月下旬至 6 月初,巴西东北部遭遇持续强降雨,大部地区累积降水量超过 50 毫米,其中罗赖马州西部、塞阿拉州东北部等地降水量达 100～300 毫米,局地超过 300 毫米;部分地区降水量偏多,超过常年同期 2 倍以上。强降水导致多地出现严重洪涝及山体滑坡灾害,超过 200 人死亡。

2. 强风暴"尤尼斯"席卷西欧,英格兰阵风破纪录

2 月 18 日,大西洋强风暴"尤尼斯"袭击了西欧等地多个国家,英国南部、英吉利海峡、北海南部、西欧及中欧北部沿海等地普遍出现 8 级以上大风,英国南部、英吉利海峡等地阵风达 10～12 级。英国怀特岛尼德尔斯观测到最大阵风约 196 千米/小时(16 级,54.4 米/秒),创英格兰有史以来最大阵风纪录。英国多地交通中断,仅 18 日就取消航班 400 余个,大量火车停运,多地电力设施受损,超过 130 万户家庭断电。爱尔兰、英国、比利时、荷兰和德国至少有 16 人因强风暴丧生,数十人受伤。

3. 台风"鲇鱼""尼格"重创菲律宾

2022 年,第 2 号台风"鲇鱼"(最大风速 20 米/秒)于 4 月 10 日在菲律宾东萨马省吉万市卡利科安岛登陆。受其影响,仅 4 月 9 日菲律宾中部平均降水量已超过 50 毫米,9—12 日区域平均降水量超过 170 毫米,为 1980 年以来同期最多,部分地区超过 300 毫米。"鲇鱼"造成菲律宾至少 175 人死亡,超过 200 万人受灾。10 月 29 日,22 号台风"尼格"在菲律宾卡坦端内斯

岛登陆，暴雨引发的洪水和山体滑坡等造成160多人死亡，超过300万人受灾。

4. 南非东部遭遇近60年来最强降水，人员伤亡惨重

4月上中旬，南非共和国东部夸祖鲁-纳塔尔省遭遇近60年来罕见的极端强降水袭击，其东海岸累积降水量超过100毫米，局地超过300毫米，较常年同期偏多2倍以上，为南非近60年来最强。仅4月11—12日，夸祖鲁-纳塔尔省局地降水量就超过300毫米，突破近60年来的历史极值；德班市及其周边地区48小时降水量超过450毫米，接近当地年降水量的一半。强降水引发的洪涝灾害造成近450人死亡，超4万人无家可归；大片土地被淹，多处公路和铁路设施、电力系统遭到破坏。

5. 历史罕见！洪灾致巴基斯坦三分之一国土被淹

6—8月，巴基斯坦频繁遭遇强降水袭击。全国平均降水量6月偏多68%，7月偏多180%，8月偏多243%，其中，7月和8月降水量均为1961年以来历史同期最多。信德省测得8月降水量高达1228.5毫米，最大日降水量达355毫米，均创下月和日降水量最高纪录。持续强降水导致巴基斯坦约三分之一国土被淹没，超3300万人受灾，近1700人死亡；主要农作物棉花有45%被洪水冲毁，水果、蔬菜和大米等也遭受巨大损失，据估计，洪涝灾害造成的经济损失近700亿人民币。受巴基斯坦政府邀请，由中国应急管理部、水利部、中国气象局等部门组成的中国政府专家组赴巴基斯坦开展灾害评估和防灾减灾工作交流，分享中国防洪救灾经验。

6. 韩国首都圈遭遇近百年来最强暴雨，引发严重内涝

8月7—11日，韩国首都圈遭遇极端暴雨事件，具有持续时间长、短时降雨强、累积雨量大等特点。8日，韩国气象厅附近1小时最大降水量达141.5毫米、3小时最大降水量达259.0毫米、6小时最大降水量达303.5毫米，短时降水极强。首尔市8日降水量超过380毫米，不仅超过常年8月降水量，还突破日降水量历史极值，为近百年来最大。极端暴雨引发严重内涝，不少城市出现积水，地铁站、地下设施进水严重，大量车辆被淹，一些地区出现山体滑坡，累积造成10余人死亡，超过7000人被迫撤离家园。

7. 夏季极端高温"炙烤"北半球，多国出现严重干旱

2022年夏季，北半球极度"火热"，欧洲、北非、中东、亚洲及北美等地相继出现持续高温天气，影响近50亿人的生活，并导致多国发生山火。7月中旬，法国巴黎气温达40.5 ℃；英国气温首破40 ℃，伦敦希思罗机场气温达40.2 ℃，致跑道"融化"；葡萄牙最高气温达47 ℃。持续高温少雨导致欧洲超过六成地区陷入干旱；美国西部多地爆发山火，极热和干燥天气使大火难以控制；中国中东部遭遇1961年以来最强高温，长江流域经历夏伏旱、连秋旱，鄱阳湖8月提前进入枯水期。持续干旱影响全球粮食、航运、能源等多个领域，生产生活受到较大影响。欧洲多瑙河水位持续走低；德国东部由于缺水干旱，粮食作物产量大幅减少。欧盟委员会预计，2022年玉米产量将比五年前的平均水平下降16%，大豆和葵花籽的产量将分别减少15%和12%。

8. "炸弹气旋""史诗级寒潮"袭击美国。

1月末，美国东北部遭遇"炸弹气旋"袭击，多州出现暴风雪天气。这场冬季风暴覆盖美国东部10个州，其中马萨诸塞州、纽约州等多州出现强风暴雪，积雪深度超过30厘米。12月22—24日，"史诗级寒潮"席卷美国。23日，美国中西部局部地区最低气温降至−40 ℃以下，费城遭遇近20年来最寒冷的圣诞节，美墨边境城市埃尔帕索的气温降至－10 ℃以下，佛罗里达州气温也几乎低于冰点，全美大约2.4亿人收到极寒天气预警。年初及年尾两次寒潮与暴雪天气给当地交通出行、电力供应等造成严重影响，全美上万个航班取消，至少160万居民和商业用户断电，“史诗级寒潮”还造成超过60人死亡。

9. 汤加火山爆发，或助推极端天气气候事件

当地时间1月14—15日，位于南太平洋岛国汤加的洪阿哈阿帕伊岛海底火山接连喷发，火山灰云主体上冲高度最高达18千米左右，这一高度已越过对流层到达平流层下部。经估算，此次火山喷发形成约360万吨的火山矿物颗粒，是近30年来全球规模最大的火山爆发。大洋洲各岛国、日本、美国、加拿大、新西兰、澳大利亚和智利相继发布海啸预警。火山灰进入大气后会改变大气辐射强迫，产生制冷效应，对全球气候有一定影响。另外，强烈的火山爆发还可能导致局部地区极端天气气候事件发生的概率增加。

10. 21世纪首次出现“三重”拉尼娜，影响全球多地气候

2020/2021冬季至2022/2023年冬季连续三年冬季形成拉尼娜，这是21世纪首次出现的“三重”拉尼娜现象。从全球范围来看，拉尼娜事件会造成南美洲北部暴雨洪涝频发，澳大利亚北部、印度尼西亚和东南亚等地洪涝风险加大，而阿根廷降水偏少。当拉尼娜长时间持续，非洲中部、美国东南部等地常发生干旱，巴西东北部、印度和非洲南部等地易出现洪涝。2022年5月下旬至6月初，巴西东北部遭遇持续强降雨；近两年来，非洲中东部的埃塞俄比亚、肯尼亚、索马里、乌干达、苏丹等国持续干旱致粮食短缺及生态环境问题恶化，这些都与拉尼娜事件不无关联。

第二节　中国气候特征

2022年，全国平均气温较常年(1991—2020年)偏高0.6 ℃，为1951年以来历史次高，春夏秋三季气温均为历史同期最高。全国平均降水量为606.1毫米，比常年偏少5.0%，冬春季降水量偏多，夏秋季降水量偏少。华南前汛期、华北雨季、东北雨季降雨量均偏多，长江中下游和江淮梅雨、西南雨季和华西秋雨降雨量偏少。

一、全国平均气温为历史次高

1. 年平均气温为历史次高

2022年，全国平均气温10.51 ℃，较常年偏高0.6 ℃，为1951年以来历史次高(图1.2.1)，较2021年偏低0.02 ℃；除2月和12月气温较常年同期偏低外，年内其余月份气温均偏高或接近常年同期，其中3月、6月和8月气温均为历史同期最高，7月、9月和11月均为历史同期次高。从空间分布看，全国大部分地区气温接近常年到偏高，其中华东中部、华中中部及四川东部、重庆西南部、甘肃中部、宁夏中南部、新疆东部和西南部、西藏西北部等地偏高1～2 ℃(图1.2.2)。2022年，除吉林、广西和海南3省(区)气温较常年偏低以外，全国其余省(区、市)气温均偏高(图1.2.3)。甘肃、湖北、四川和新疆气温为1961年以来历史最高，安徽、河南、湖南、江苏、江西、宁夏和青海为历史次高。全国六大区域气温均偏高，西北地区为1961年以来历史最高，长江中下游为历史次高，西南地区为历史第三高。

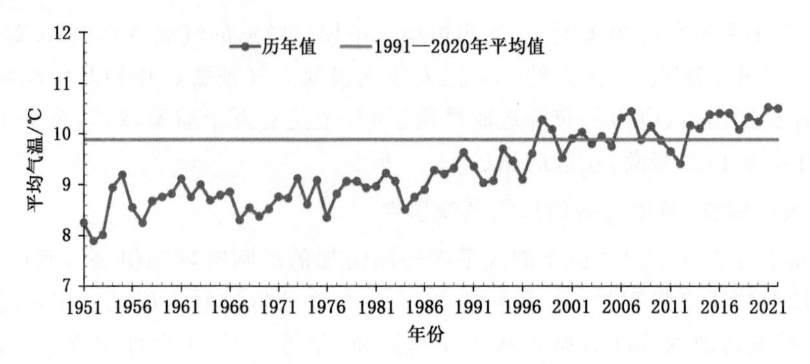

图 1.2.1 1951—2022 年中国平均气温历年变化

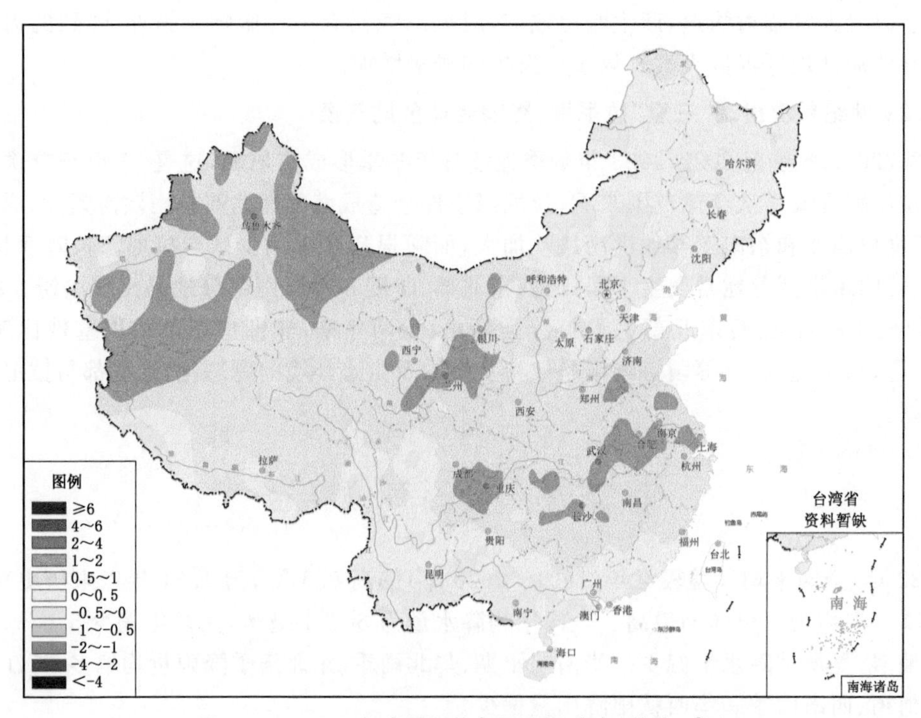

图 1.2.2 2022 年中国平均气温距平分布(单位:℃)

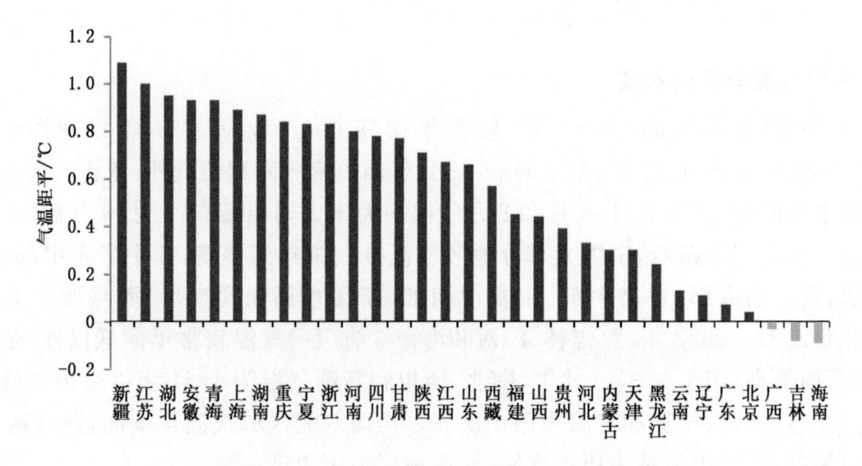

图 1.2.3 2022 年各省(区、市)平均气温距平

2. 春夏秋三季气温均为历史同期最高

冬季(2021年12月至2022年2月),全国平均气温−3.2 ℃,较常年同期偏高0.2 ℃,但气温冷暖起伏大,前冬暖,后冬冷。除新疆北部、内蒙古东部等地气温偏高1～4 ℃外,全国其余大部地区气温接近常年同期或偏低,其中西藏大部、青海中部和南部、广西大部、黑龙江中部和北部等地气温偏低1～4 ℃,西藏西部偏低4 ℃以上(图1.2.4a)。

春季(3—5月),全国平均气温12.1 ℃,较常年同期偏高1.2 ℃,为1961年以来历史同期最高。全国大部分地区气温较常年同期偏高0.5 ℃以上,其中东北东部、华东中北部、华中东部、西北大部及新疆和西藏大部、内蒙古中西部等地气温偏高1～2 ℃,新疆和西藏部分地区偏高2 ℃以上(图1.2.4b)。

夏季(6—8月),全国平均气温22.3 ℃,较常年同期偏高1.1 ℃,为1961年以来历史同期最高。全国大部地区气温较常年偏高0.5～2.0 ℃,华东中部、华中中部、西南地区东北部等地偏高2～4 ℃(图1.2.4c)。

秋季(9—11月),全国平均气温11.2 ℃,较常年同期偏高0.9 ℃,为1961年以来历史同期最高。除西藏西南部局地气温偏低0.5～1.0 ℃外,全国其余大部地区气温接近常年同期或偏高,其中,长江中下游及其以南大部及吉林东部、内蒙古中西部、陕西北部、宁夏大部、甘肃中东部、新疆东部和西南部等地偏高1～2 ℃,江西西部、湖南南部、广西东北部等地偏高2～4 ℃(图1.2.4d)。

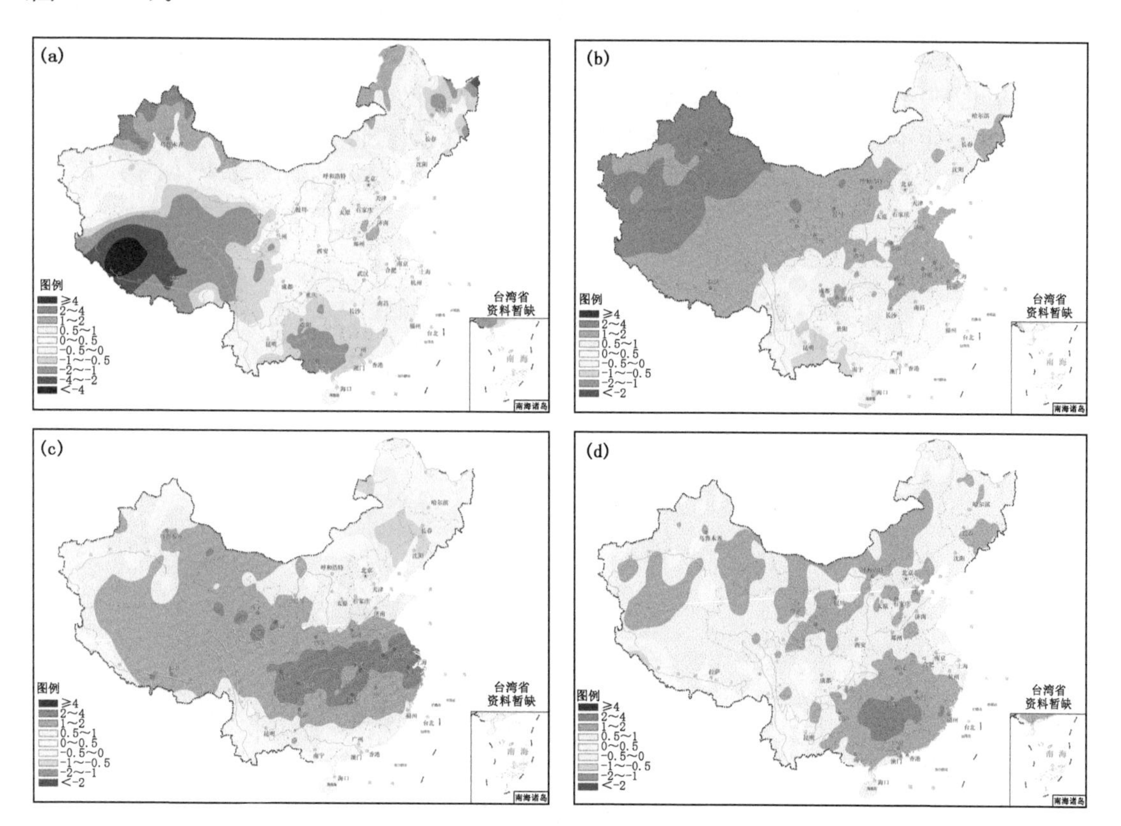

图1.2.4 2022年中国冬(a)、春(b)、夏(c)、秋(d)季平均气温距平分布(单位:℃)

二、年降水量偏多

1. 全国平均降水量较常年偏少

2022 年，全国平均降水量 606.1 毫米，较常年偏少 5.0%，为 2012 年以来最少(图 1.2.5)。降水阶段性变化明显，1—6 月及 11 月降水量偏多，其中 2 月偏多 56.2%；7—10 月及 12 月降水量偏少，其中 12 月偏少 36.9%，7 月降水量为历史第二少。

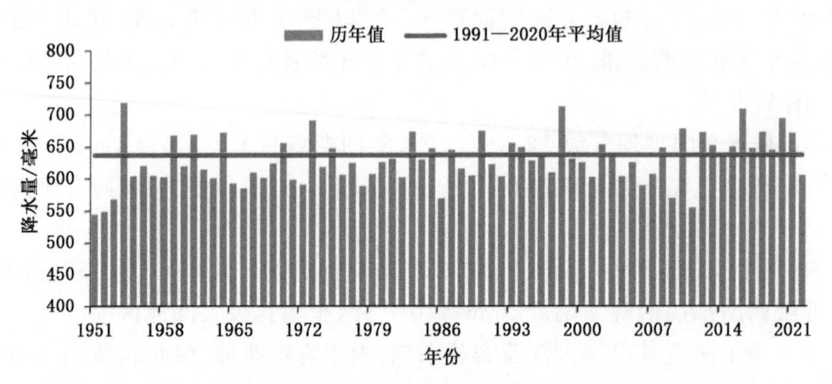

图 1.2.5　1951—2022 年中国平均降水量历年变化(单位:毫米)

2022 年，华东中部、华中中南部、西南地区东部和南部、东北地区南部及山东半岛等地降水量普遍有 800～1600 毫米，华东南部和华南大部等地有 1600～2000 毫米，局地超过 2000 毫米；东北大部、华北、华中北部、西北地区东部、西南地区北部及西藏东部、内蒙古东北部等地有 400～800 毫米；内蒙古中部、宁夏、甘肃中部、青海中部、西藏中部、新疆北部和西部等地有 100～400 毫米；西藏西北部、新疆南部、青海西北部、甘肃西部、内蒙古西部等地不足 100 毫米(图 1.2.6)。广

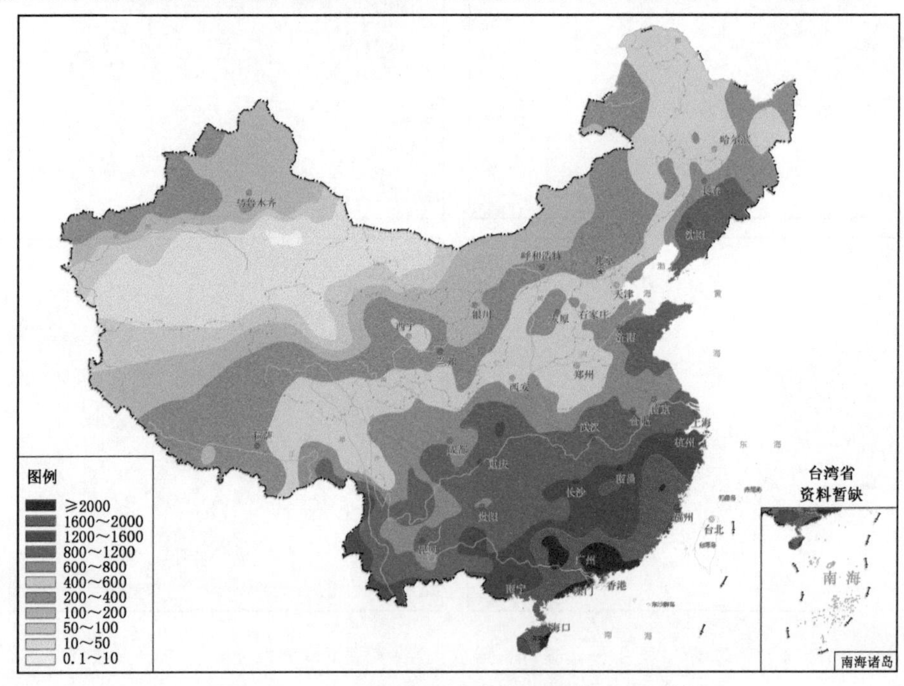

图 1.2.6　2021 年中国降水量分布(单位:毫米)

东海丰(3610.1 毫米)和恩平(3147.9 毫米)年降水量分别为全国最多和次多;新疆托克逊(2.3 毫米)和淖毛湖(3.1 毫米)为全国最少和次少。

与常年相比,东北中南部及山西中部、陕西北部、山东大部等地降水量偏多 2 成至 1 倍;长江中下游沿线及河南中部、河北北部、内蒙古中西部、甘肃西部、新疆大部、西藏中部等地偏少 2～5 成,局地偏少 5～8 成;全国其余大部地区降水量接近常年(图 1.2.7)。

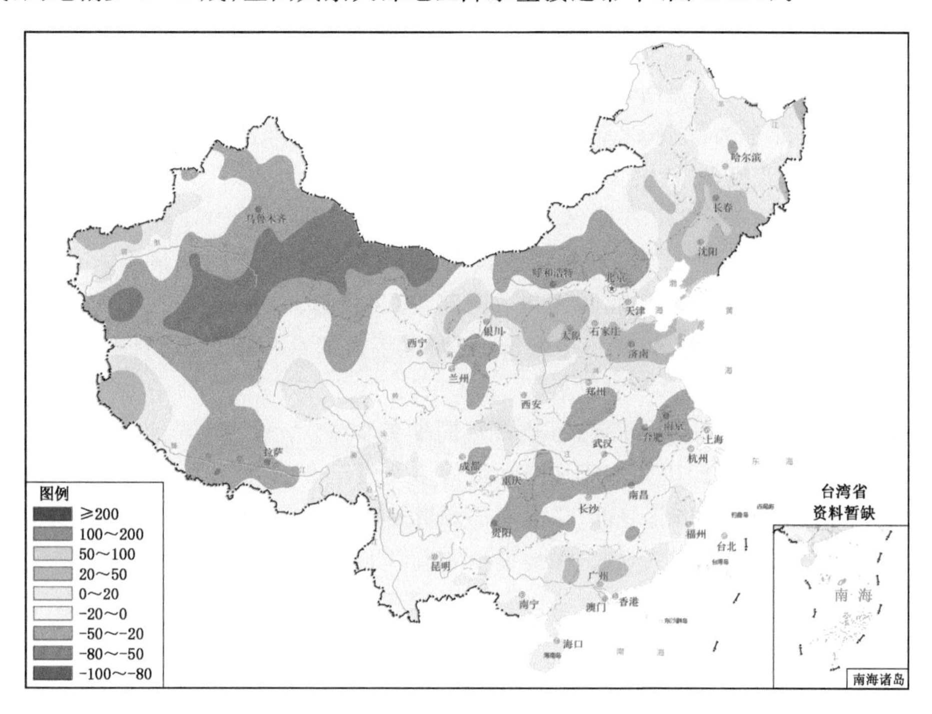

图 1.2.7 2022 年中国降水量距平百分率分布(单位:%)

2022 年,全国有 11 个省(区、市)降水量较常年偏多,其中,辽宁偏多 39%,为 1961 年以来第三多;吉林偏多 35%,为历史最多(图 1.2.8)。20 个省(区、市)降水量较常年偏少,其中,上海偏少 21%,安徽和宁夏均偏少 20%。

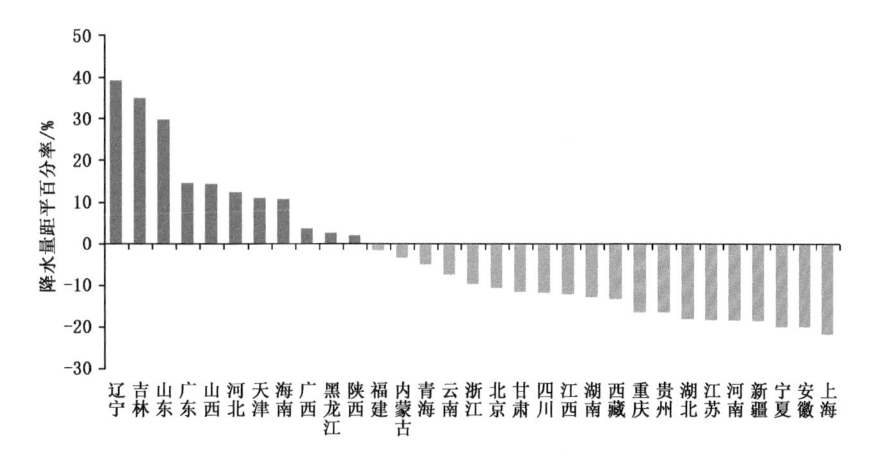

图 1.2.8 2022 年省(区、市)降水量距平百分率

2. 冬春降水量偏多、夏秋偏少

冬季(2021 年 12 月至 2022 年 2 月)，全国平均降水量 52.5 毫米，较常年同期偏多 24%。东北中南部、华东北部、华中东北部、西北地区西部及新疆、内蒙古东北部和西部、山西中部等地降水量较常年同期偏少 2～8 成，局地偏少 8 成以上；华中南部、华南大部、西南地区大部、西北地区东部及西藏、内蒙古中部等地偏多 5 成至 2 倍，局地偏多 2 倍以上(图 1.2.9a)。

春季，全国平均降水量 154.0 毫米，较常年同期偏多 7.5%。西南地区大部及黑龙江中部、西藏中部、青海北部、新疆西部等地降水量较常年同期偏多 2 成至 1 倍，局地偏多 1 倍以上；东北西南部、华北东部、华东北部、华中北部、西北地区东北部及内蒙古中西部、新疆东部和西南部等地偏少 2～8 成，局地偏少 8 成以上(图 1.2.9b)。

夏季，全国平均降水量 290.6 毫米，较常年同期偏少 12%，为 1961 年以来历史同期第二少。主要多雨区出现在我国北方，吉林降水量为 1961 年以来历史同期最多，山东为第三多。与常年同期相比，东北中南部、华北西部和东南部、陕西北部、山东、广东北部等地降水量偏多 2 成至 1 倍；华东中部和西南部、华中中南部、西南地区大部及西藏大部、新疆大部、内蒙古西部等地偏少 2～8 成，局地偏少 8 成以上(图 1.2.9c)。

秋季，全国平均降水量 110.6 毫米，较常年同期偏少 9%。与常年同期相比，除东北中南部及山东大部、西藏大部、四川西部等地降水量偏多 2 成至 2 倍外，全国其余大部地区降水量偏少或接近常年同期，其中华北北部、华中南部及贵州东部、广西北部、新疆南部、青海西北部、内蒙古西部等地降水量偏少 5～8 成，局地偏少 8 成以上(图 1.2.9d)。

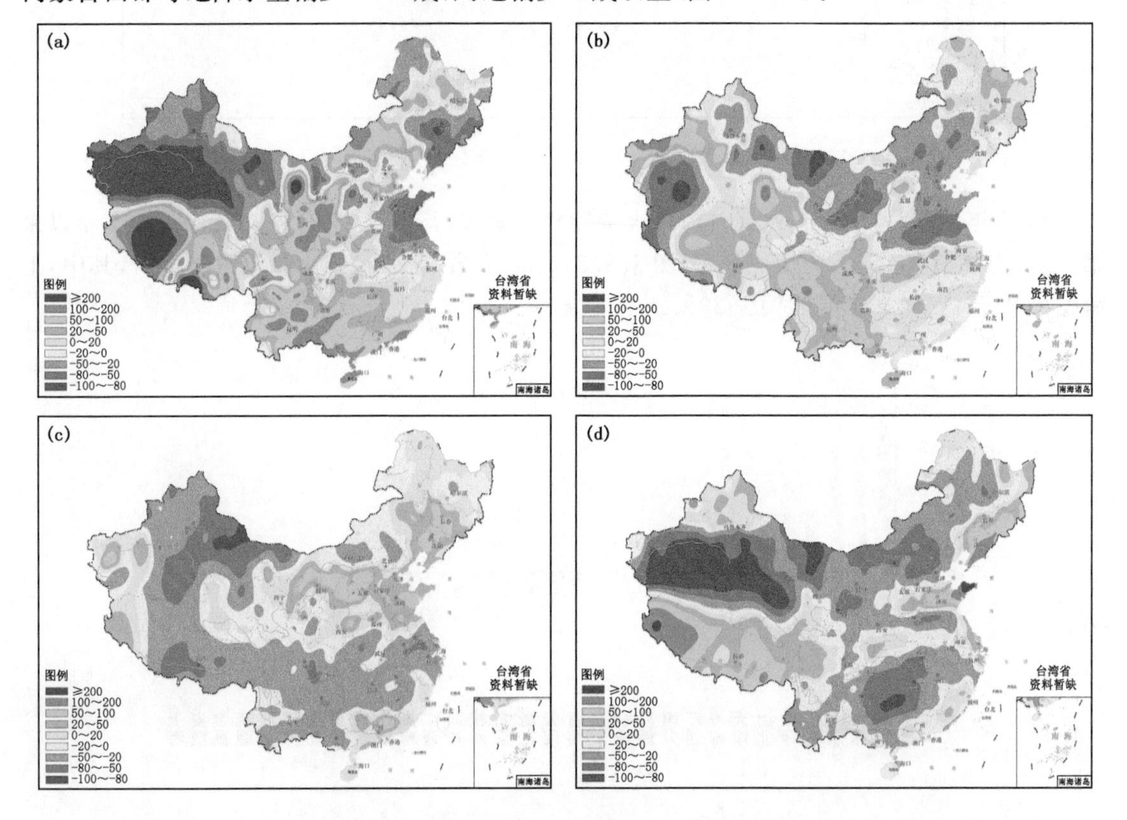

图 1.2.9　2022 年中国冬(a)、春(b)、夏(c)、秋(d)季降水量距平百分率分布(单位：%)

3. 区域雨季特征

华南前汛期于3月24日开始,6月22日结束,雨季长度为90天,总雨量856毫米;与常年相比,开始偏早16天,结束偏早12天,雨季长度偏长4天,雨量偏多19%。

西南雨季于5月12日开始,10月8日结束,雨季长度为149天,总雨量634.5毫米;与常年相比,开始偏早14天,结束偏早6天,雨季长度偏长9天,雨量偏少15%。

江南5月29日入梅,7月8日出梅,梅雨期长度为40天,梅雨量426.1毫米;与常年相比,入梅偏早11天,出梅偏早2天,梅雨期偏长9天,梅雨量偏多8%。长江中下游5月29日入梅,7月8日出梅,梅雨期长度为40天,梅雨量258.3毫米;与常年相比,入梅偏早16天,出梅偏早8天,梅雨期偏长8天,梅雨量偏少19%。江淮7月4日入梅,7月31日出梅,梅雨期长度为27天,梅雨量179.6毫米;与常年相比,入梅偏晚11天,出梅偏晚17天,梅雨期偏长6天,梅雨量偏少30%。

华北雨季于7月13日开始,9月4日结束,雨季长度53天,总雨量214.7毫米;与常年相比,开始偏早5天,结束偏晚18天,雨季长度偏长23天,为1961年以来第3长,雨量偏多57%。

东北雨季于6月4日开始,8月28日结束,雨季长度为85天,总雨量425.4毫米;与常年相比,开始偏早9天,结束偏早3天,雨季长度偏长6天,雨量偏多24%。

华西秋雨于8月25日开始,10月31日结束,雨季长度为67天,总雨量173.9毫米;与常年相比,开始偏早8天,结束偏早3天,雨季长度偏长5天,雨量偏少12.4%。

三、年日照时数偏少

1. 大部地区日照时数偏少

2022年,我国东北、华北、黄淮、西南地区中西部、西北大部及内蒙古、新疆、西藏等地累积日照时数在2000小时以上,其中东北西部、华北北部、西北地区东北部和中西部以及内蒙古大部、云南中部、新疆大部、西藏中西部等地超过2500小时;江淮南部、江汉、江南大部、华南大部及陕西南部、甘肃西南部、云南东南部等地在1500~2000小时,江南西部、西南地区东部及华南西部等地不足1500小时。与常年相比,除华北中东部、黄淮南部、江淮大部、江南大部、华南大部、西南地区东部及黑龙江中西部、吉林中部、辽宁西部、山西中部局地、陕西东南部、四川西部局地、云南中部和西部局地、新疆北部、西藏东部和南部部分地区日照时数偏多100小时以上外,全国其余大部地区日照时数偏少或接近常年,其中内蒙古中部、山东东部、宁夏南部、甘肃北部局地、甘肃中部、四川北部局地、云南中部和东部局地、海南东南部、新疆西部大部和东南部局地、西藏东部部分地区偏少200~400小时,青海北部局地、四川北部局地、新疆西部大部偏少400小时以上(图1.2.10)。

2. 冬季日照时数偏多,春夏秋季偏少

冬季(2021年12月至2022年2月),除内蒙古中部局地及云南南部局地、新疆西部局地日照时数较常年同期偏少75小时以外,全国其余大部地区日照时数偏多或接近常年同期,其中东北中部、内蒙古东部、华北大部、黄淮、江淮、江汉东部、江南中部和东北部、华南大部及黑龙江东部、辽宁南部、宁夏东部局地、陕西南部、湖北西部、重庆北部、贵州东部、新疆北部、西藏南部部分地区、海南大部偏多50小时以上。

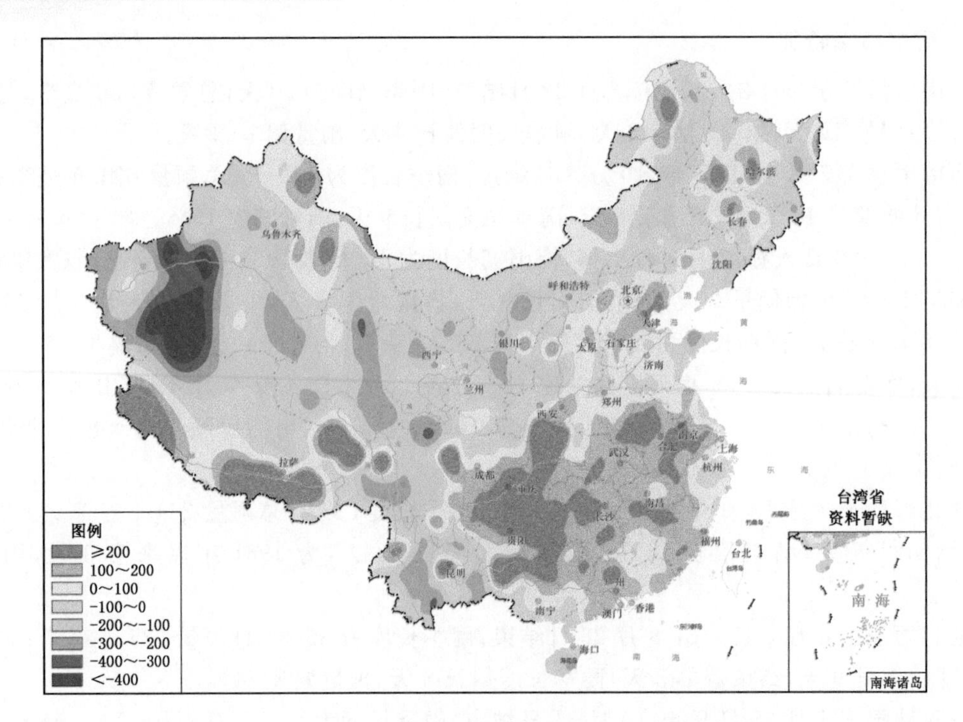

图 1.2.10　2022 年中国日照时数距平分布(单位:小时)

春季,西南地区南部及黑龙江北部、内蒙古中部和东北部、四川西部、甘肃西部局地、新疆西部和中部大部、海南东南部等地日照时数较常年同期偏少 75 小时以上;江淮南部、江南北部、华南大部、西南地区东部,以及黑龙江中部、吉林中部、辽宁中部、内蒙古东北部局地、陕西北部局地、湖北中部局地、云南中部和西部、新疆北部局地、西藏大部日照时数偏多 50 小时以上。

夏季,东北大部、西北地区东北部及内蒙古大部、山东东部、四川北部局地、广西南部、新疆大部等地日照时数较常年同期偏少 75 小时以上;黄淮南部、江淮、江汉、江南、华南北部、西南地区大部及西藏大部日照时数偏多 50 小时以上,其中江苏、安徽、浙江、江西、湖北、湖南、重庆、贵州、四川、云南、西藏等地部分地区日照时数偏多 100 小时以上.

秋季,华北大部、黄淮南部局地、江南大部、华南大部、西南地区东部部分地区及内蒙古北部局地、黑龙江西南部、吉林西部、陕西北部局地、重庆北部、新疆北部局地、西藏南部部分地区日照时数较常年同期偏多 50 小时以上;我国其余大部地区日照时数偏少或接近常年同期,其中西南地区北部、西北地区中部局地及陕西南部局地、西藏北部、新疆南部局地日照时数偏少 100 小时以上。

四、2022 年中国十大天气气候事件

1. 低温雨雪袭扰北京冬奥,气象部门全力以赴保驾护航

2022 年 2 月,全国平均气温较常年同期偏低 2.0 ℃,降水量偏多 56%,冷湿特征明显。11—14 日,京津冀晋蒙等地先后出现降雪过程,北京北部和东部、山西大同和忻州、河北保定、廊坊和沧州等局地积雪深度有 10～16 厘米。气象部门全力以赴开展精密监测、精准预测和精

细服务，为北京2022年冬奥会和冬残奥会顺利举办保驾护航。

2. 1961年以来历史第二强“龙舟水”影响珠江流域

2022年5月21日至6月21日“龙舟水”期间，珠江流域出现6次强降雨过程，大部分地区累积降水量超过400毫米，其中广西中北部、广东中北部以及湖南南部、江西南部等地部分地区600～900毫米，广西桂林、柳州、贺州和广东清远、韶关等地1000～1300毫米，广西桂林临桂局地1616毫米。上述大部地区降水量较常年同期偏多5成以上，广东北部、广西东北部等地偏多1～2倍。珠江流域平均降水量为440毫米，较常年同期偏多53%，为1961年以来历史同期第2多。受强降雨影响，珠江流域逾45条河流超警戒水位，6月21日，珠江防总将防汛应急响应提升至Ⅰ级；广东、广西多地出现城乡积涝，给交通及农业生产等带来不利影响。

3. 松辽流域遭遇极端降雨，绕阳河盘锦段堤坝溃口

2022年6—7月，东北三省平均降水量(334.1毫米，较常年同期偏多39%)为1961年以来历史同期第二多；吉林降水量(414.2毫米，偏多65%)和降雨日数(37.8天)均为历史同期最多，辽宁平均降水量420.6毫米，比常年同期偏多7成，超过常年夏季降雨总量，为近30年历史同期最多。受强降雨影响，松辽流域有40条河流发生超警以上洪水，8月初辽宁绕阳河盘锦段出现堤坝溃口；部分公路基础设施出现损毁或中断；吉林、辽宁部分低洼农田出现短时渍涝，加上日照时数偏少，农作物生长受到不利影响。

4. 盛夏局地短时强降雨致重大人员伤亡

2022年7月15—16日，四川省中北部出现强降雨过程，北川县有21个气象站12小时降水量超过50毫米，8个站超过100毫米，北川县青片乡16日6小时累积雨量高达102.5毫米，水位暴涨引发山洪，导致部分房屋被冲毁，交通、电力、通信中断，2万多人受灾。8月13日下午，四川彭州龙槽沟附近受上游降水影响突发山洪。8月18日凌晨，青海省西宁市大通县出现短时强降雨，青林乡、青山乡小时降水量达39.3毫米和34.6毫米，暴雨引发山洪灾害，造成重大人员伤亡和财产损失。

5. 1961年以来最强高温“炙烤”我国，中央气象台首次发布高温红色预警

2022年6月13日至8月30日，我国中东部地区出现了大范围持续高温天气过程，共持续79天，为1961年以来我国持续时间最长的区域性高温天气过程；8月13日，中央气象台自我国气象预警机制建立以来首次发布高温红色预警。此次高温过程中，35 ℃以上覆盖1692站(占全国总站数70%)，为1961年以来历史第二多；37 ℃以上覆盖1445站(占全国总站数60%)，为1961年以来最多；有361站(占全国总站数14.9%)日最高气温达到或超过历史极值，重庆北碚连续2天日最高气温达45 ℃。评估结果显示，此次高温事件综合强度为1961年有完整气象观测记录以来最强。持续高温天气给人体健康、农业生产和电力供应等带来不利影响，浙江、上海等南方多地用电创历史新高，浙江、江苏、四川等地多人确诊热射病。

6. 长江流域“汛期反枯”，人工增雨驰援旱区

2022年7月至11月上半月，长江中下游及川渝等地持续高温少雨，遭遇夏伏旱连秋旱。长江流域中旱以上干旱日数77天，较常年同期偏多54天，为1961年以来历史同期最多。8月18日，中央气象台与国家气候中心联合发布了气象干旱预警，这也是自2013年以来，再次启动气象干旱预警，预警时长达79天。8月24日，湘鄂赣粤桂闽黔滇陕川渝浙苏皖14省

(区、市)中旱及以上气象干旱面积达到峰值;8月27日,中国气象局首次调用多架飞机在丹江口水库汇水流域开展大范围跨区域空地联合增雨作业,全力保障南水北调中线工程供水用电安全。进入9月,长江中下游及以南大部地区高温少雨,气象干旱持续发展,特旱区域有所扩大;9月27日鄱阳湖主体及附近水域面积为638千米^2,较历史同期偏小7.2成,相较6月27日减小8成,为历史新低。10月上旬,长江以北地区出现降水,气象干旱得到缓解,但长江以南大部地区气象干旱持续发展;11月15—30日,江南、华南出现明显降水过程,气象干旱才得到有效缓解。持续的高温干旱对长江流域及其以南地区农业生产、水资源供给、能源供应及人体健康产生较大影响,对当地生态系统也造成了一定的不利影响。

7. 罕见秋台"梅花"四弄,创1949年以来秋台风登陆最北纪录

2022年第12号台风"梅花"在9月14—16日,先后4次登陆我国浙江、上海、山东和辽宁,打破了新中国成立以来秋台风登陆地最北界纪录,也是新中国成立以来登陆舟山的最强台风。受"梅花"与冷空气共同影响,上海沿海、浙江沿海及部分岛礁出现12～15级风,最大阵风出现在浙江舟山徐公岛(16级,53.6米/秒),浙江东北部沿海海面12级以上大风累积时长达12个小时。浙江绍兴、宁波、舟山及山东青岛、烟台等地部分地区累积雨量达250～500毫米,绍兴上虞和嵊州、宁波余姚局地达600～707毫米。浙江、山东、辽宁、吉林等共23个国家级气象观测站日降水量突破9月极值,山东福山日降水量突破建站以来历史极值。受台风"梅花"影响,浙江、上海、江苏、山东等地航班大面积取消、部分列车停运、海上航行停航;浙江、江苏等局地农作物受淹倒伏、设施农业受损、树木倒伏、电线杆折断。另外,台风"梅花"带来的降雨也缓解了前期江苏南部、上海、浙江北部、安徽南部的干旱。

8. 秋季寒潮频袭,断崖式降温对公众出行和农牧业生产造成不利影响

2022年10月3—7日,我国中东部出现一次大范围寒潮过程,河南东南部、安徽大部、湖北大部、湖南东北部降温幅度达20 ℃以上,河南新野、沁阳降温幅度超过25 ℃,寒潮终结了南方"秋老虎"天气,由于正值国庆假期,断崖式降温、大风和降雨天气对人体健康、旅游、交通安全造成不利影响。11月26日至12月1日,我国大部再遭寒潮侵袭,多地出现剧烈降温并伴有雨雪和大风天气,14 ℃以上降温范围超国土面积一半以上(55%),局地降温超过18 ℃,最低气温0 ℃线南压至江南北部一带,黄河进入2022年凌汛期,新疆、内蒙古等地牧业转场和设施农业受到不利影响。

9. 龙卷天气点散多发,气象部门首次成功发布预报预警

2022年全国共记录到25次龙卷过程,包括中等强度以上龙卷11次,强龙卷6次,与前3年均值持平。5月14日,黑龙江五常市遭遇短时大风袭击,判定为弱到中等强度的龙卷;7月台风"暹芭"影响期间,广东省记录到5个龙卷发生;7月20日和22日,黄淮江淮等地出现两次大范围强对流过程,极端性为入汛以来最强,江苏北部、河南东部先后出现五个龙卷,气象部门上下联动,基于最新监测研判技术,首次成功发布龙卷预报预警,提醒公众做好防灾避险。

10. 太阳中等以上耀斑事件超前3年总和,全球空间天气中心及时响应保安全

自2019年12月太阳进入第25个活动周以来,太阳活动日渐活跃。2022年4月,共爆发28次中等耀斑和5次大耀斑,多于此前3年中等以上强度耀斑事件的总和。太阳耀斑可引起电离层短时剧烈变化,导致地面和高空短波通信中断、导航精度较低,从而对航空飞行安全造成不利影响。作为第4家全球空间天气中心,中俄联合体(CRC)全球空间天气中心迅速响应,在X级耀斑爆发15分钟内即向国际民航组织发布空间天气咨询报，为民航安全飞行提供了重要的支撑。

第三节　中国气候异常成因简析

一、2021/2022年冬季气候异常成因简析

2021/2022年冬季，全国平均气温较常年同期偏低，整体呈“北暖南冷”的异常分布。这主要受北半球中高纬环流异常的影响。北极涛动长时间维持正位相，乌拉尔山阻塞高压偏弱，鄂霍次克海阻塞高压偏强，青藏高原附近高度场长时间维持负距平，导致东亚地区环流经向度较大，影响我国的冷空气路径以偏西为主，我国冬季气温偏低的区域主要集中在青藏高原、西南、华南、华中南部等地。从季节内进程来看，冬季气温整体表现出“前冬暖、后冬冷”的阶段性变化特征。这与背景环流的季节内调整有关。2021年12月至2022年1月，东亚中高纬地区以纬向型环流为主，西伯利亚高压偏弱，东亚冬季风偏弱，我国大部地区气温偏高；而2022年2月，环流形势较前期有明显变化，西伯利亚高压偏强，东亚冬季风偏强，东亚地区环流经向度明显加大，冷空气活跃且较为持续，我国大部地区气温较常年同期偏低。

受太平洋海温和大气环流的共同影响，冬季我国南方地区降水量较常年同期明显偏多。2021/2022年冬季，虽然处于拉尼娜事件盛期的背景下，我国南方地区降水却表现出异常偏多的特征，究其原因，主要是因为北极涛动长时间维持正位相，在对流层高层激发出一支由北大西洋指向阿拉伯海北部的波列，使得中东急流偏强，形成了以副热带西风急流为波导的南欧亚遥相关型，有利于高原高度场持续偏低，导致冷空气从偏西路影响青藏高原及我国南方地区；青藏高原至孟加拉湾附近为异常气旋式环流所控制，南支槽活跃，西南向水汽输送偏强，与不断南下的冷空气相结合，最终造成冬季我国南方地区降水异常偏多。

二、春季降水异常成因简析

2022年春季，全国平均降水量为154毫米，接近常年同期，但旱涝分布差异显著，其中东北南部、内蒙古大部、华北东部、黄淮大部、西北地区东部、新疆西南部和东部等地降水量偏少2～8成，局部偏少8成以上；东北北部、华北西北部、江淮大部、江汉大部、华南西部、西南大部、西北地区中部、西藏中东部等地降水量偏多，其中西南地区降水量普遍偏多5成至1倍以上。西南平均降水量为291.8毫米，为1961年以来历史同期最高值，超过气候平均值(218.2毫米)2倍标准差以上。通过对同期的环流分析发现，对流层中高层形成的自乌拉尔山以北经青藏高原至中南半岛“负—正—负”的西北—东南向异常环流形势，使得低层风场上低纬异常偏东气流及南下的异常东北—偏北气流在西南地区辐合，有利于水汽向西南地区的输送和冷暖空气在西南地区的交汇，从而导致2022年春季西南地区降水的异常偏多。此外，自2021年秋季开始并一直持续发展的中东太平洋拉尼娜事件是西南地区春季降水异常偏多的重要外强迫因子，而拉尼娜事件结束的早晚会对春季西南地区降水异常产生不同的影响。2022年春季持续发展的拉尼娜事件使得上述异常环流型更为典型，更有利于西南地区的降水偏多。

三、夏季降水异常成因简析

2022年夏季，东亚夏季风季节进程整体提前，南海夏季风爆发和主要雨季开始时间均较

常年偏早。夏季中国东部地区降水和环流的阶段性特征明显，6月上中旬与6月下旬至8月的降水异常分布和环流背景存在显著差异。6月上中旬，中国东部降水总体呈南北多，中间少分布。江南南部和华南地区的降水偏多与西北太平洋副热带高压（以下简称西太副高）脊线偏南和季风环流水汽输送偏强有关，东北和内蒙古东部等地降水主要受到东北冷涡频繁活动的影响。东北冷涡的异常活跃和活动路径偏南，是导致冷空气频繁南下影响我国南方和副高偏南的重要原因，而东北冷涡的活跃又与赤道中东太平洋拉尼娜海温背景和北大西洋三极型海温模态持续正位相有关。6月下旬至8月，东部降水呈北多南少分布。随着6月下旬西太副高明显北跳，东部地区主雨带北移至东北、华北、黄淮和西北地区东部等地。盛夏西太副高异常加强西伸，北界持续偏北。西太副高与其西侧的大陆高压和伊朗高压打通，形成稳定的副热带高压带。中国长江流域在西太副高控制下，气温异常偏高，降水持续偏少，发生严重的高温伏旱事件。对流层高层南亚高压持续偏强，8月高压中心位置偏东，有利于西太副高的进一步加强西伸。拉尼娜事件在春季的再次发展，赤道中太平洋冷海温加强和海洋性大陆对流活跃，热带印度洋偶极子负位相异常偏强，以及黑潮及延伸区海温偏暖等因子的协同作用，是导致2022年盛夏西太副高异常的重要原因。

四、秋季降水异常成因简析

2022年秋季，我国气候总体呈暖干的特征。降水空间分布不均匀，尤其是长江中下游及其以南大部及华北北部、西北地区大部、西南地区东部和南部、内蒙古大部、新疆南部等地降水明显偏少。大气环流异常特征是造成2022年秋季我国气候异常的直接原因。索马里越赤道气流偏强，赤道印度洋上空为西风距平，赤道太平洋中西部为显著东风异常，菲律宾以东为异常反气旋，而在我国南海和西北太平洋为异常气旋性环流。在此影响下，我国东部上空为北风距平，西北太平洋的水汽输送条件差，导致我国南方大部降水偏少。此外，秋季降水还表现出明显的季节内变化：9月全国大部降水偏少，10月降水总体呈南北少、中间多的特征，长江中下游及其以南大部地区由于温高雨少，气象干旱严重。11月降水有明显转折，我国中东部大部降水偏多，而西部大部降水偏少。这与秋季环流的阶段性变化密切相关。9—10月我国南海为异常气旋性环流，南方上空为偏北风距平，来自我国南海和西北太平洋的水汽输送条件差，大部地区降水偏少。11月我国南海上空转为异常反气旋，南方上空低层是西南风距平，同时贝加尔湖及其以西为负高度距平场，冷空气偏强，我国中东部大部降水增多。

海温外强迫分析表明，秋季我国南方降水异常偏少受到热带印度洋和中东太平洋海温异常的共同影响。秋季印度—太平洋暖池异常偏暖，热带太平洋中东部偏冷，赤道印度洋西部偏冷，对应赤道印度洋上空纬向季风环流和太平洋上空沃克环流之间显著的齿轮耦合特征：印度洋上空为逆时针，太平洋上空为顺时针，上升支在海洋性大陆上空，伴随着上升支的局地哈德来环流的下沉支位于我国30°N以南，使我国南方大部受强下沉气流影响而降水持续偏少。热带印度洋偶极子显著影响区域为江南西部和西南地区东南部，ENSO（厄尔尼诺与南方涛动的合称）显著影响区域是江南大部和华南北部。因此，2022年秋季拉尼娜和热带印度洋偶极子负位相的协同作用通过改变热带和副热带大气环流来影响我国南方降水。

第四节　气候系统特征

一、季风活动

1. 东亚冬季风总体偏强

2021/2022 年冬季，东亚冬季风总体偏强，强度指数为 0.49(图 1.4.1)。冬季西伯利亚高压指数为 0.64，也较常年同期偏强(图 1.4.2)。东亚冬季风前冬偏弱、后冬偏强的特征显著，2021 年 12 月第 1 候至 2022 年 1 月第 5 候，东亚冬季风和西伯利亚高压强度整体持续偏弱；2022 年 1 月第 6 候开始转强，并持续至 2 月底。此外，北极涛动(AO)维持正位相的时间和高原高度场维持负位相的时间均超过整个冬季的 2/3。

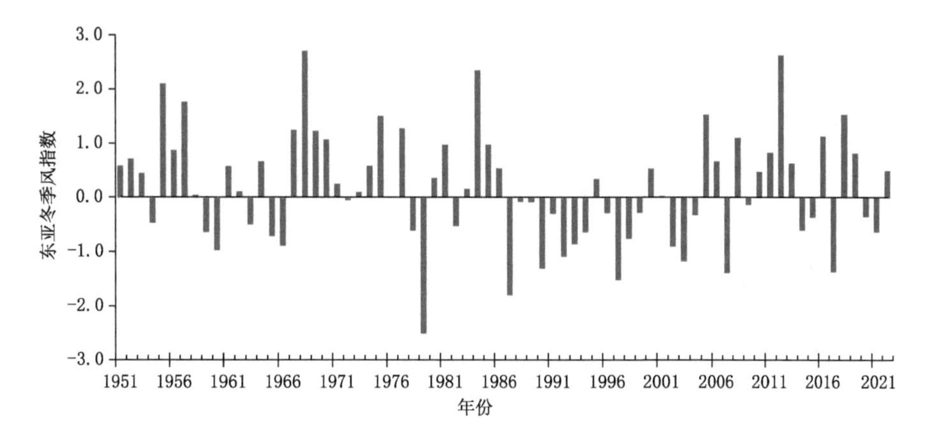

图 1.4.1　东亚冬季风指数历年变化(1950/1951 年冬季至 2021/2022 年冬季)

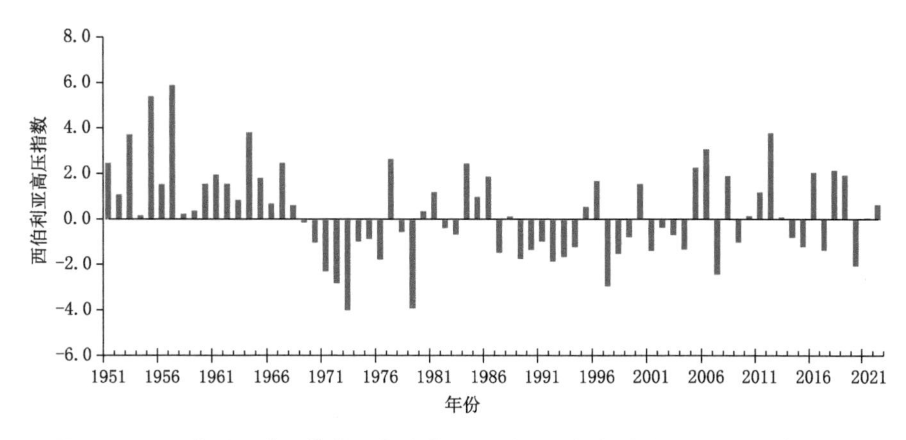

图 1.4.2　西伯利亚高压指数历年变化(1950/1951 年冬季至 2021/2022 年冬季)

2. 南海夏季风偏弱，东亚夏季风偏弱

2022 年南海夏季风于 5 月第 3 候爆发，较常年(5 月第 4 候)偏早 1 候；于 10 月第 2 候结束，较常年(9 月第 6 候)偏晚 2 候。2022 年南海夏季风强度指数为－0.95，强度偏弱。南海夏季风强度指数逐候演变显示，自 5 月第 3 候南海夏季风爆发至 9 月初，南海上空假相当位温稳定

超过 340 K(图 1.4.3)。2022 年东亚副热带夏季风强度指数为－3.44,较常年偏弱(图 1.4.4)。

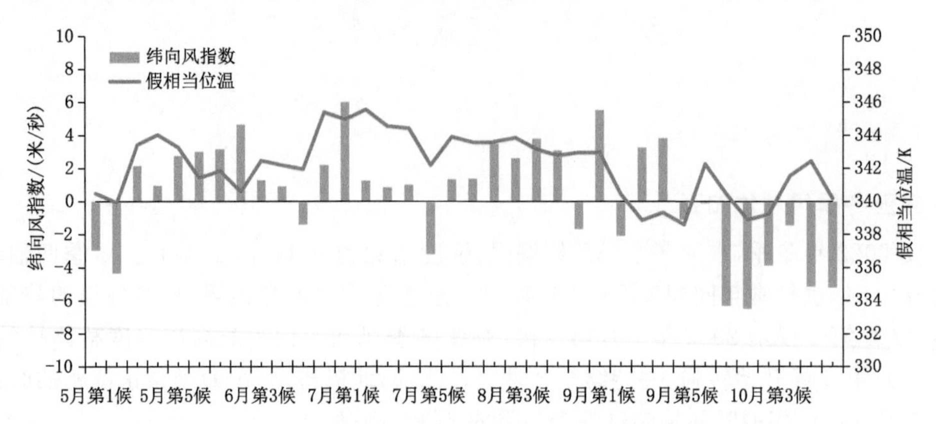

图 1.4.3 2022 年 5—10 月南海季风监测区逐候 850 hPa 纬向风强度指数(单位:米/秒)和假相当位温(单位:K)

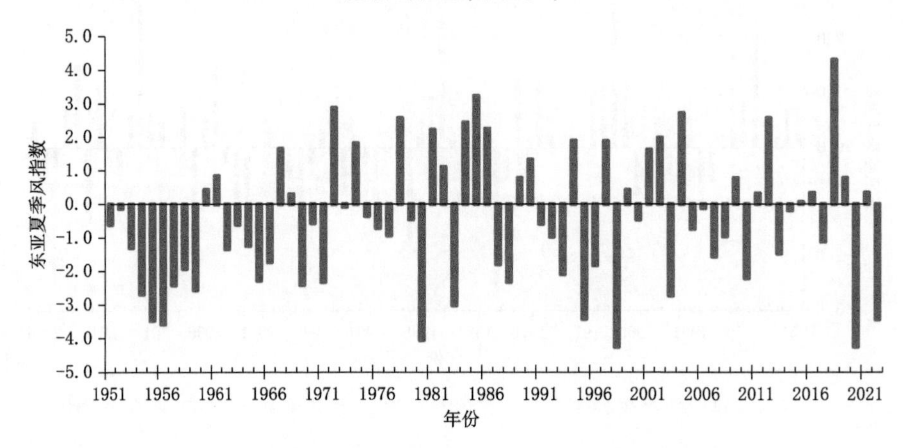

图 1.4.4 1951—2022 年东亚副热带夏季风强度指数历年变化

5 月至 6 月上中旬,我国东部多雨带主要位于华南和江南南部,其中 6 月 1—21 日,华南地区平均累积雨量 348.1 毫米,较常年同期偏多 61%,为 1961 年以来历史同期第二多。梅雨期开始总体偏早,但降水持续性差,强度偏弱。6 月下旬随着西太副高北跳,我国东部主雨区由华南和江南南部北移至华北、黄淮、东北、西北地区东部等地。华北雨季开始偏早、强度偏强、持续时间长。除 7 月上旬受台风“暹芭”广东沿海登陆后北上形成一条经向雨带外,6 月下旬至 8 月底,我国东部地区降水持续呈北多南少的分布格局。盛夏(7—8 月)我国长江流域气温异常偏高、降水持续偏少,发生破纪录的高温伏旱。进入秋季,我国中东部大部降水明显偏少,长江以南地区干旱持续发展(图 1.4.5)。

10 月第 2 候开始,我国南海地区上空 850 hPa 纬向风稳定地转为东风,大气假相当位温下降到 340 K 以下(图 1.4.3),我国南海地区大气热力性质发生改变,夏季风完全撤离南海地区。

二、热带海洋和热带对流

根据国家气候中心监测,2021 年 9 月,赤道中东太平洋进入拉尼娜状态,2021 年 9—12 月,Niño3.4 指数滑动平均值(3 个月滑动平均,下同)分别为－0.55 ℃、－0.68 ℃、－0.91 ℃

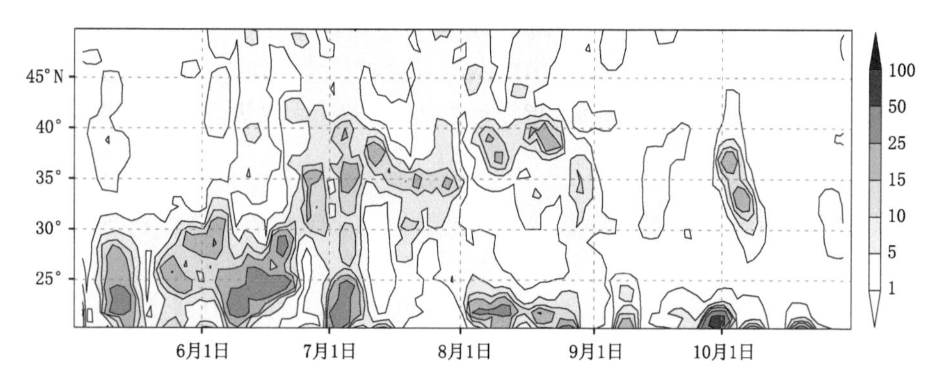

图 1.4.5　2022 年 5—10 月 110°—120°E 平均候降水量纬度—时间剖面
（单位：毫米，图中阴影和等值线为 5 天滑动平均结果）

和－0.95 ℃，2022 年 1 月达到拉尼娜事件标准，形成一次弱的东部型拉尼娜事件。2022 年 1—12 月，拉尼娜事件持续，热带中东太平洋大部海表温度较常年同期偏低，冷水中心值低于－1.5 ℃（图 1.4.6）。2022 年 1—4 月 Niño3.4 指数滑动平均值分别为－0.93 ℃、－0.99 ℃、－1.05 ℃和－1.20 ℃，其中 4 月达到此次事件发生以来的峰值；5 月以后，Niño3.4 指数略有回升，但仍维持在－0.5 ℃以下，5—7 月指数滑动平均值分别为－1.07 ℃、－0.92 ℃和－0.86 ℃；秋季，冷水有所加强，8—11 月指数滑动平均值分别为－0.93 ℃、－0.96 ℃、－0.89 ℃和－0.87 ℃；12 月，赤道东太平洋海温负距平中心值仍超过－1.0 ℃，Niño3.4 指数

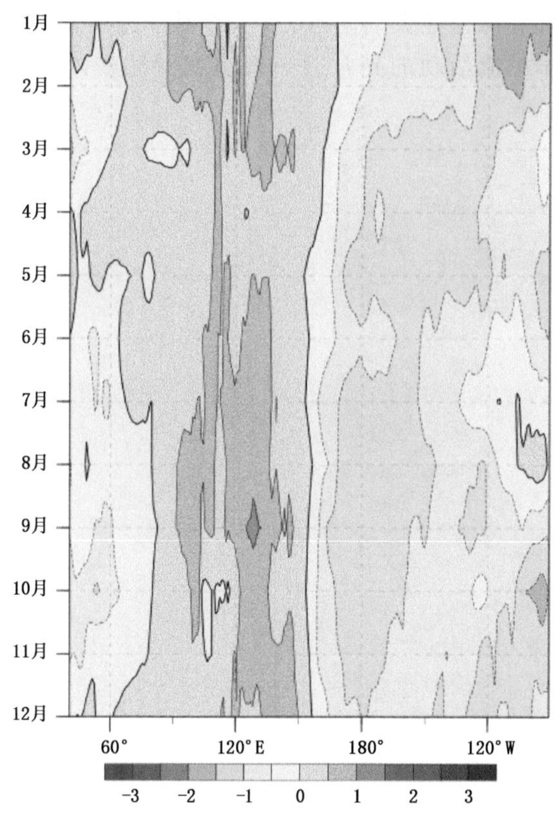

图 1.4.6　2022 年赤道太平洋（5°S—5°N）海表温度距平时间一经度剖面（单位：℃）

为－0.96 ℃(图 1.4.7),赤道中东太平洋继续维持拉尼娜状态。

2022 年 1—12 月,南方涛动指数(SOI)除 11 月接近正常外,其余月份均维持稳定的正异常(图 1.4.7),其中,6 月 SOI 达到峰值(指数值为 2.7),热带大气表现出对赤道中东太平洋冷海温异常的持续响应。

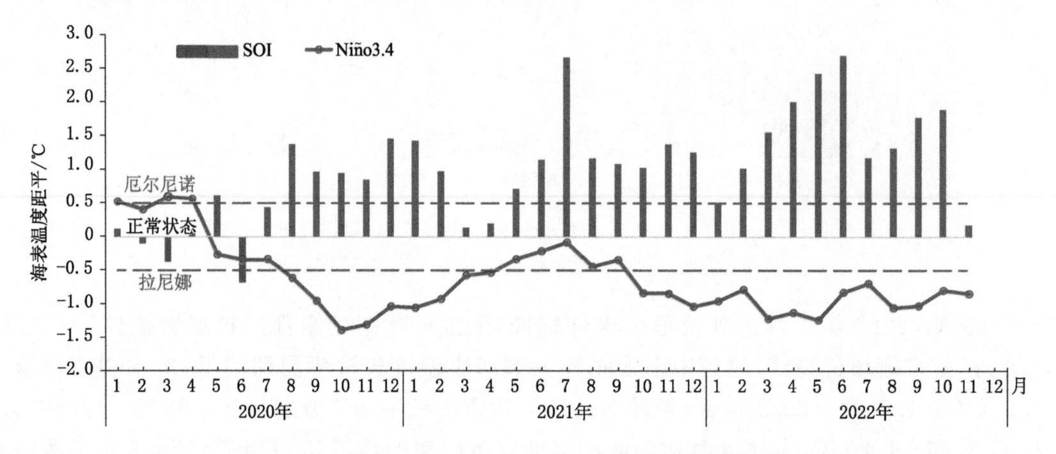

图 1.4.7 2020 年 1 月至 2022 年 12 月 Niño3.4 指数及南方涛动指数(SOI)逐月演变

2022 年 1—2 月,强对流活动(通常用射出长波辐射通量距平来表征)中心位于海洋性大陆附近和赤道印度洋;3—4 月,对流活跃中心东传至赤道西太平洋;5 月之后,对流异常活跃中心基本维持在印度洋东部和海洋性大陆附近。1—12 月赤道中东太平洋对流总体受到抑制(图 1.4.8)。赤道太平洋对流活动的异常分布及演变特征整体与海表温度的发展演变相对应。

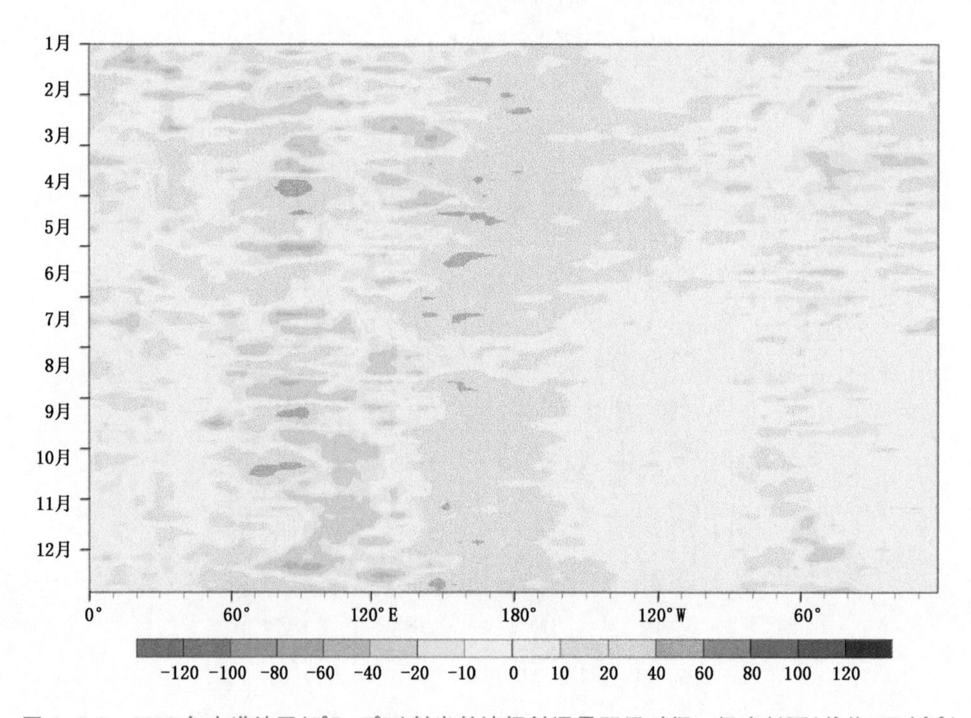

图 1.4.8 2022 年赤道地区(5°S—5°N)射出长波辐射通量距平时间—经度剖面(单位:瓦/米²)

三、西太副高

2022年夏季，西太副高较常年同期显著偏强、面积偏大、西伸脊点位置偏西(图 1.4.9)。逐日监测结果显示，西太副高脊线季节内变化明显，6月上旬至中旬较常年同期偏南，6月下旬至7月中旬前期转为偏北(图 1.4.10)。受其影响，江南和长江中下游地区入梅和出梅均偏早，华北雨季开始偏早。7月中下旬副高脊线南落，8月偏北，在西太副高主体的持续控制下，长江流域发生破纪录的高温伏旱天气。

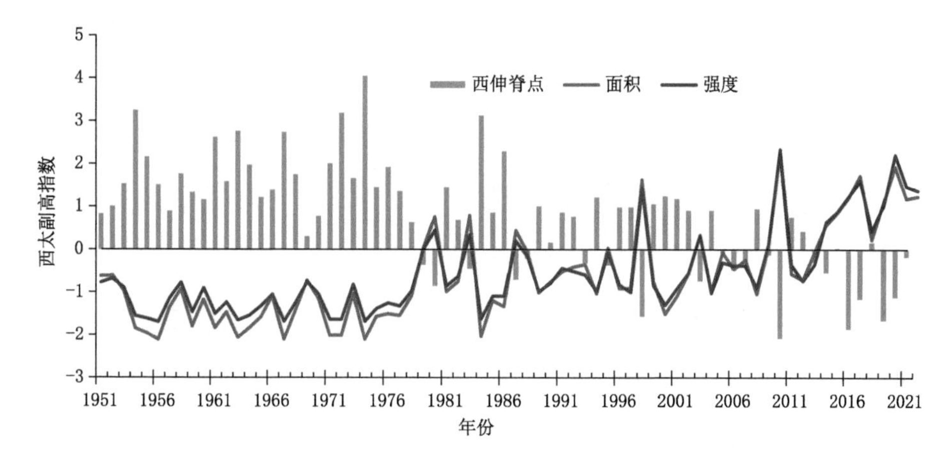

图 1.4.9 1951—2022年夏季西太副高指数历年变化
(直方图表示西伸脊点，红线表示面积，蓝线表示强度)

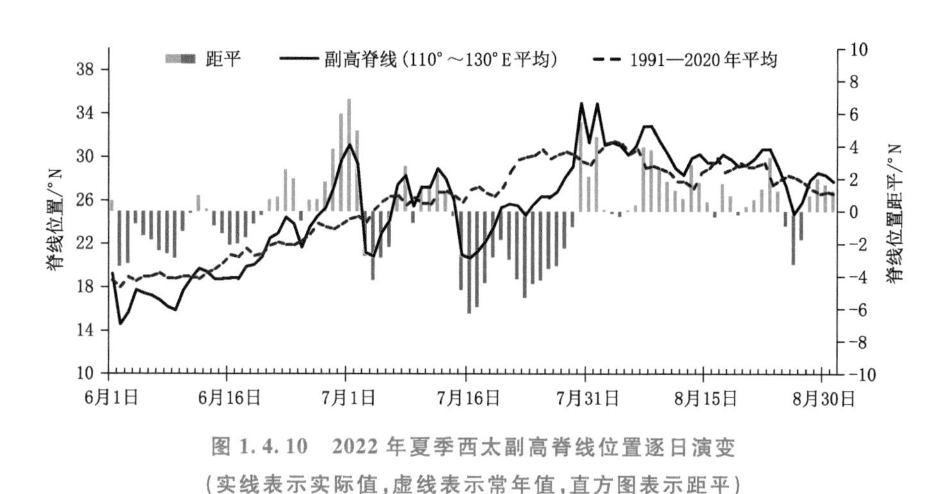

图 1.4.10 2022年夏季西太副高脊线位置逐日演变
(实线表示实际值，虚线表示常年值，直方图表示距平)

四、北半球积雪

1. 北半球和欧亚夏季积雪面积偏小、秋季偏大

2022年，北半球积雪面积在1月、5—8月和10月较常年同期偏小，2—4月、9月和11月偏大(图 1.4.11a)；欧亚地区积雪面积在1月、5—8月较常年同期偏小，2—4月和9—11月偏大(图 1.4.11b)。中国积雪面积在4—8月较常年同期偏小，1—3月和9—11月偏大(图

1.4.11c)，其中，青藏高原积雪面积在3—8月偏小，1—2月和9—11月偏大(图1.4.11d)；新疆北部积雪面积在1月、5—10月偏小，2—4月和11月偏大(图1.4.11e)；东北地区(含内蒙古东部)积雪面积在4月和10月偏小，1—3月和11月偏大，其余月份接近常年同期(图1.4.11f)。

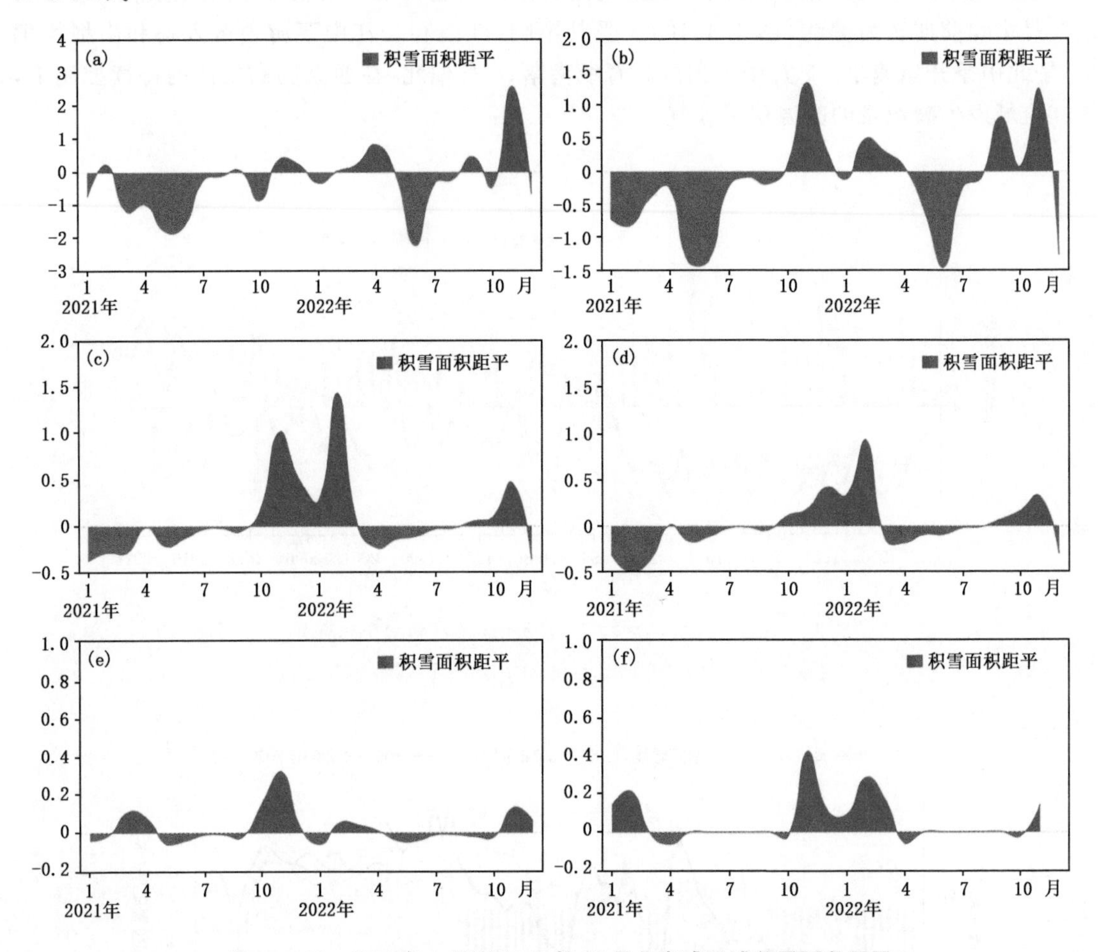

图1.4.11 2021年1月至2022年12月北半球区域积雪面积距平

(a为北半球，b为欧亚大陆，c为中国，d为青藏高原，e为新疆北部，f为东北地区；单位：百万千米^2)

2. 冬季北美大部、欧洲东部及中国北方大部积雪日数偏多

2021/2022年冬季，北半球50°N以北(包含北美洲北部、欧亚大陆中高纬地区、中国的新疆北部和内蒙古东北部至东北北部)的大部分地区以及青藏高原北部地区的积雪日数超过75天(图1.4.12a)。与常年同期相比，北美洲中南部、欧洲西部、中亚部分地区、中国新疆东部至内蒙古中部及青藏高原东南部等地积雪日数偏少10～25天；北美北部及西南部、欧洲东部、蒙古大部、中国新疆北部、青藏高原大部、内蒙古东北部、东北中部和北部等地积雪日数偏多，其中北美洲西南部、蒙古中部、中国青藏高原大部及东北中部等地偏多10～25天或以上(图1.4.12b)。

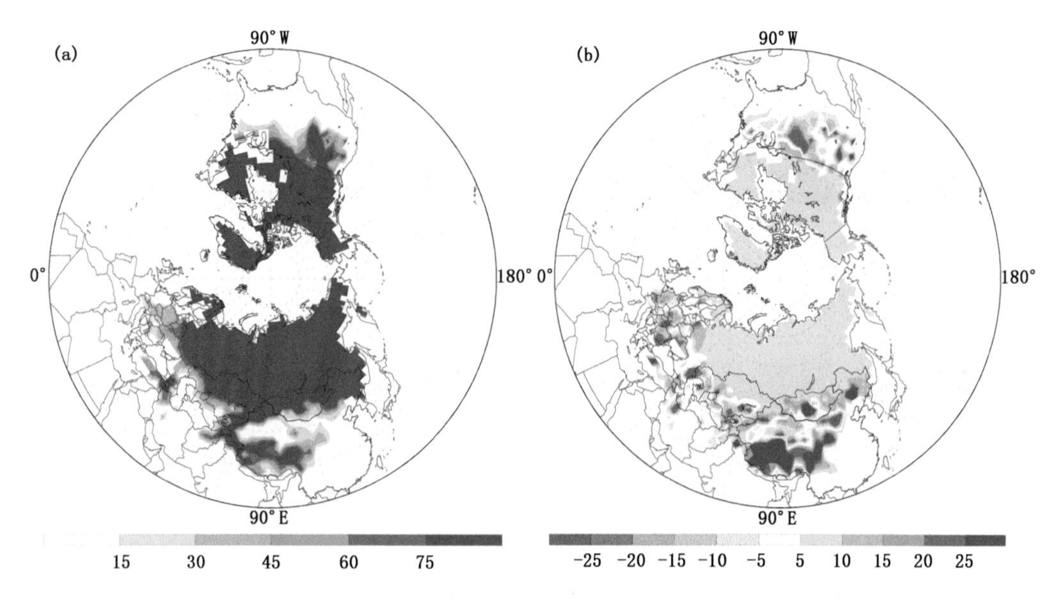

图 1.4.12 2021/2022 年冬季北半球积雪日数(a)及其距平(b)分布(单位:天)

3. 冬季东北地区中部、内蒙古中东部积雪偏深

2021/2022 年冬季,东北地区中部及北部、内蒙古东部及北部、新疆北部、西藏西南部等地积雪深度 5～25 厘米,局部超过 25 厘米(图 1.4.13a)。与常年同期相比,东北地区北部、内蒙古东部部分地区、新疆东部局地、西藏南部等地积雪偏深 1～5 厘米,黑龙江北部偏深 10 厘米以上;东北地区中部及南部、内蒙古东北部、新疆北部等地积雪偏浅,部分地区偏浅 10 厘米以上(图 1.4.13b)。

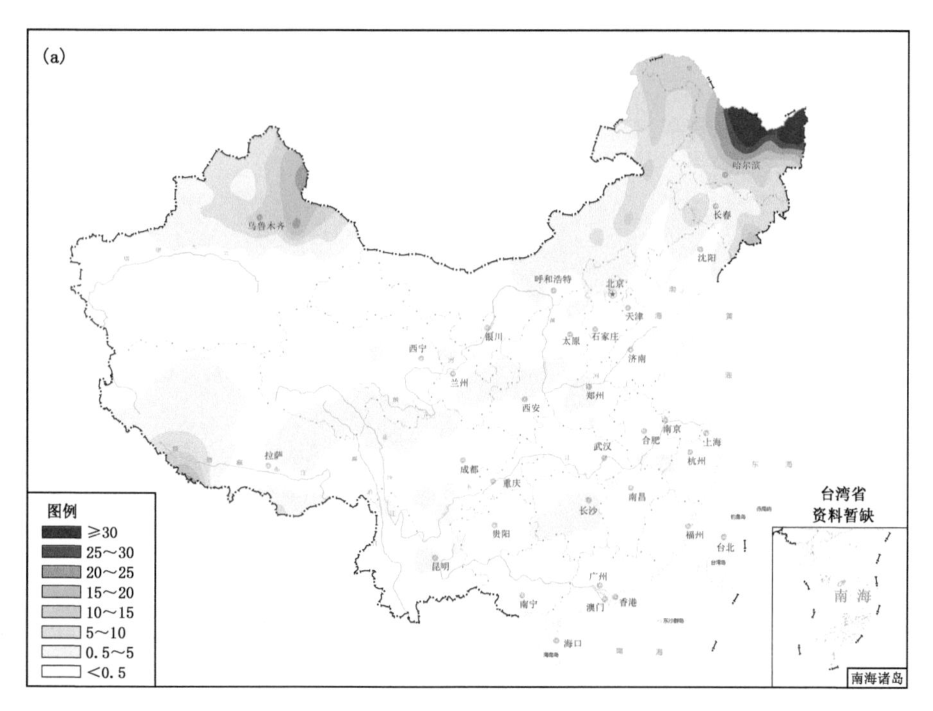

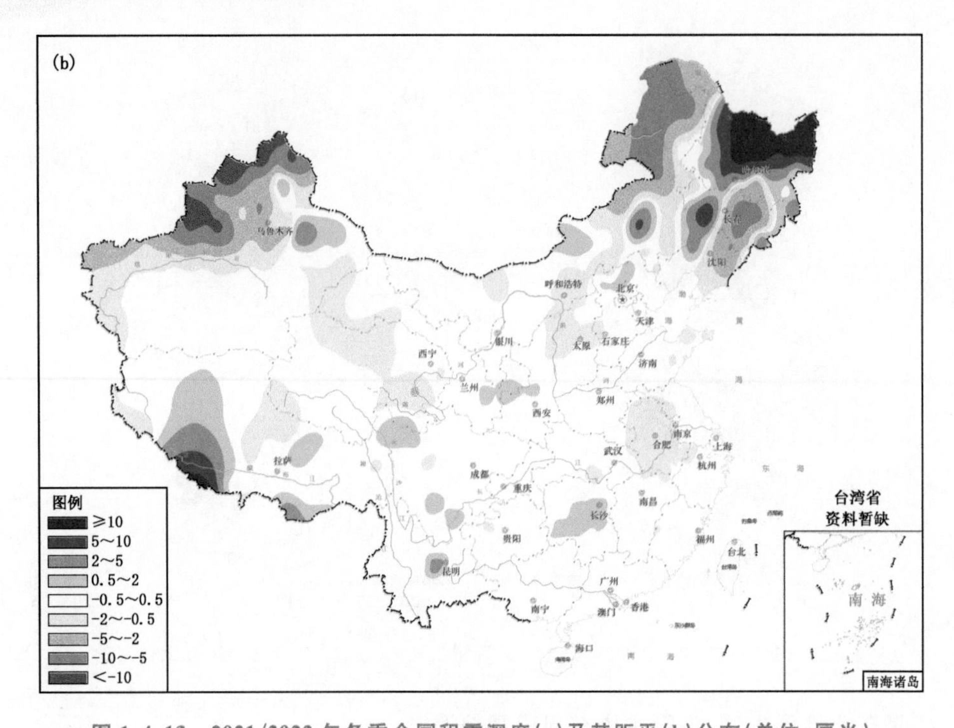

图 1.4.13 2021/2022 年冬季全国积雪深度(a)及其距平(b)分布(单位:厘米)

第二章　气象灾害及影响评估

第一节　灾情概况

一、全国灾情

2022 年气象灾害造成农作物受灾面积 1206.3 万公顷，受灾人口 11165.6 万人次，死亡和失踪 279 人，直接经济损失 2147.3 亿元，占当年 GDP 比重的 0.18%。与近 5 年相比，农作物受灾面积、死亡和失踪人数、受灾人口和直接经济损失均偏少(图 2.1.1)。总体来看，2022 年气象灾害属偏轻年份。

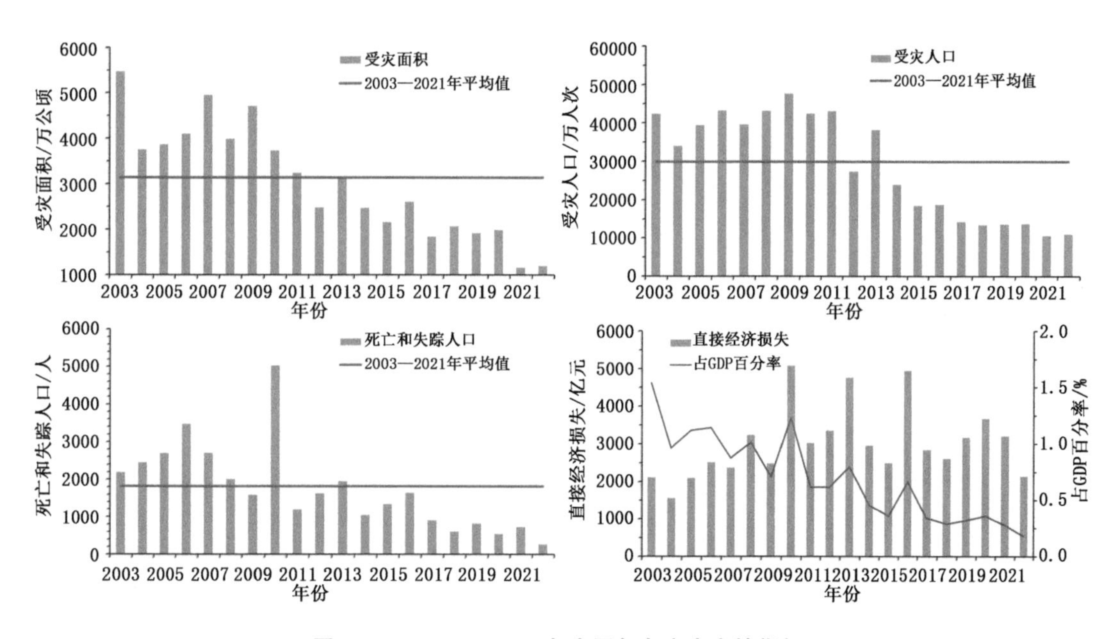

图 2.1.1　2003—2022 年全国气象灾害灾情指标

2022 年受灾面积、绝收面积和受灾人口最多的均来自干旱，分别占 50.5%、45.3%和 47.0%，暴雨洪涝次之，分别占 28.3%、36.5%和 30.3%；死亡和失踪人口、直接经济损失最大均为暴雨洪涝，所占比重分别为 61.3%、60.0%(表 2.1.1)。

表 2.1.1 主要气象灾害灾情指标占总损失比重(单位:%)

	受灾面积	绝收面积	受灾人口	死亡和失踪人口	直接经济损失
干旱	50.5	45.2	47.0	0.0	23.9
暴雨洪涝	28.3	36.5	30.3	61.3	60.0
风雹	12.7	13.0	8.3	31.5	7.8
台风	1.3	0.9	4.3	1.1	2.5
低温冷害和雪灾	7.2	4.4	10.1	6.1	5.8

二、各省(区、市)灾情

从各省(区、市)来看,2022年受灾面积最多的为内蒙古自治区,达139.5万公顷,高于其他省份,其次是湖北、湖南和江西3省,受灾面积分别为117.5万公顷、113.0万公顷和111.2万公顷;绝收面积超过10万公顷的有内蒙古、辽宁、江西、湖南、湖北和云南6省(区),分别为16.1万公顷、15.0万公顷、12.3万公顷、12.3万公顷、11.2万公顷和11.0万公顷;受灾人口超过1000万人次的有湖南、湖北、江西、四川和云南5省,分别为1183.5万人次、1163.9万人次、1109.7万人次、1033.2万人次和1028.5万人次;死亡和失踪人口以青海最多,为61人,其次为四川、云南、内蒙古和新疆4省(区),分别为54人、19人、17人和16人;直接经济损失超过200亿元的为江西省,达282.0亿元,其次为湖南、广东和福建3省,分别为199.2亿元、182.9亿元和180.7亿元(图2.1.2)。

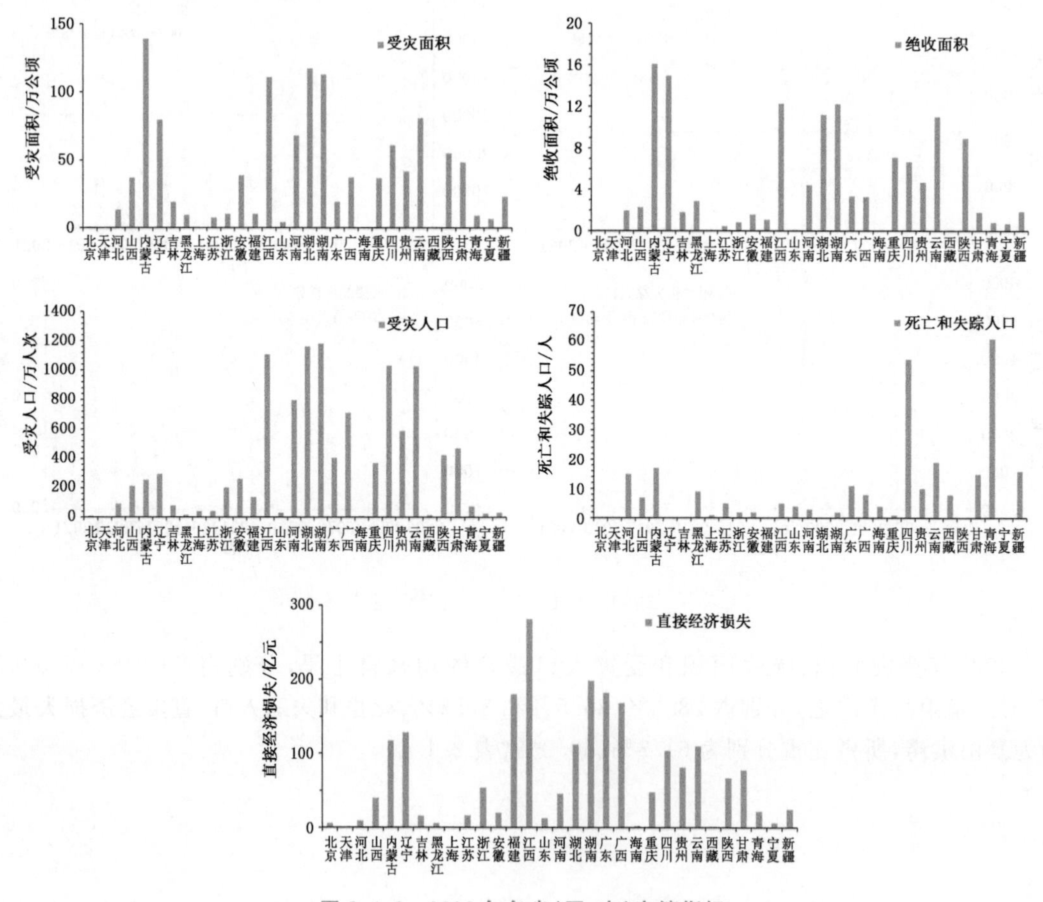

图 2.1.2 2022年各省(区、市)灾情指标

考虑受灾面积、绝收面积、受灾人口、死亡和失踪人口、直接经济损失5种灾情指标，定义各省(区、市)灾情综合指数为各省(区、市)各灾情指标占全国比重(单位取%)之和。2022年的计算结果如图2.1.3所示，可以看出，受灾最为严重的省份为四川，之后依次为江西、湖南，综合灾情指数分别为43.5、43.2、39.0。四川上述五种灾情指标占全国的比重分别为5.1%、5.0%、9.3%、19.4%、4.8%，死亡和失踪人口比重大于其他省份；内蒙古农作物受灾面积、农作物绝收面积占全国的比重最大，分别为11.6%、11.9%；湖南、湖北受灾人口占全国的比重排名为第一和第二，分别为10.6%、10.4%；江西直接经济损失占全国的比重最大，为13.1%。

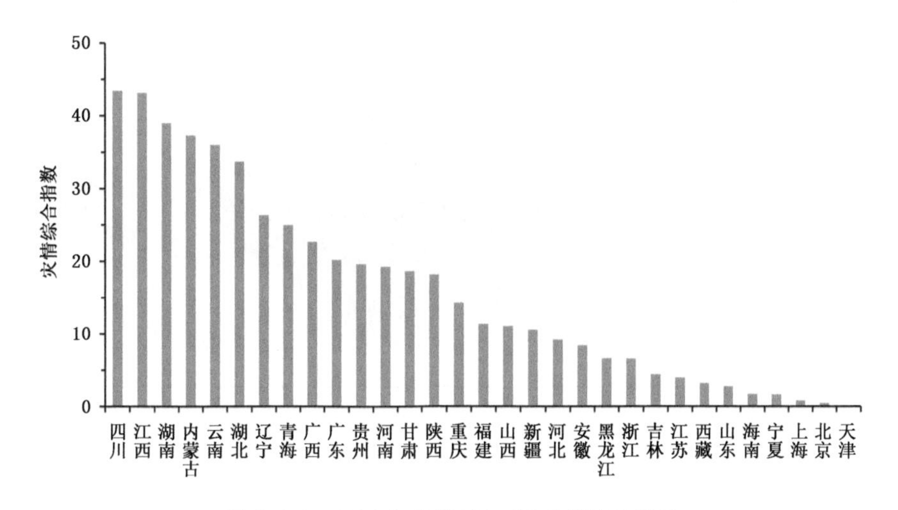

图2.1.3 2022年各省(区、市)灾情综合指数

第二节 干旱及其影响

2022年，我国气象干旱影响总体偏重，区域性和阶段性干旱明显。华东、华中等地出现阶段性春夏连旱；南方遭遇严重夏秋连旱，范围广、时间长、程度重。

2022年，较过去十年，直接经济损失偏多约70亿元，但受灾面积、绝收面积、受灾人口、饮水困难人口均偏少。通过综合灾情分析，受灾最为严重的省为湖北、四川、湖南3省，综合灾情指数达62～89。湖北省各灾情指标均较为严重，而四川省受灾人口、饮水困难人口比重较大。

一、基本特征

1. 干旱日数

由综合干旱指数统计结果可见，2022年全国大部分地区干旱日数超过50天，长江干流以南大部及江苏大部、河南大部、湖北中部等地干旱日数超过100天(图2.2.1)。

2021/2022年冬季气象干旱主要出现在西南、华中中部和华东中部等地；2022年春季气象干旱主要出现在黄河流域、淮河流域、海河流域及内蒙古中东部等地；夏季，除东北地区南部及青海中部等地外，全国其余地区均有不同程度的气象干旱，其中新疆北部局地、河南西南部、湖北西部、江苏中部等地气象干旱日数超过50天；秋季，长江干流以南大部出现严重气象干旱，日数超过50天(图2.2.2)。

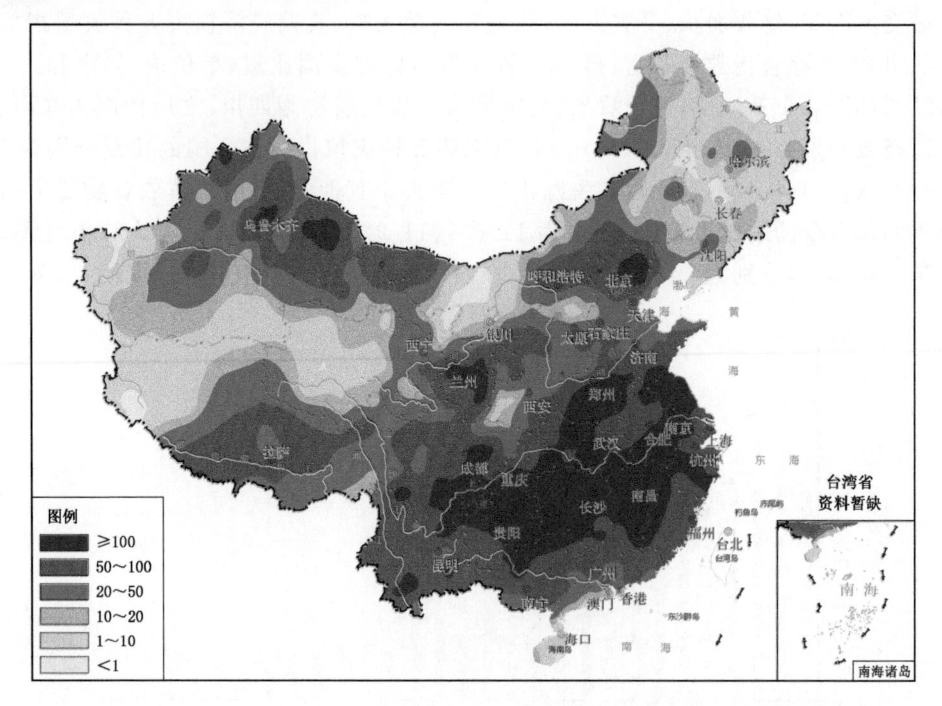

图 2.2.1　2022 年全国干旱(中旱及以上等级干旱)日数分布(单位:天)

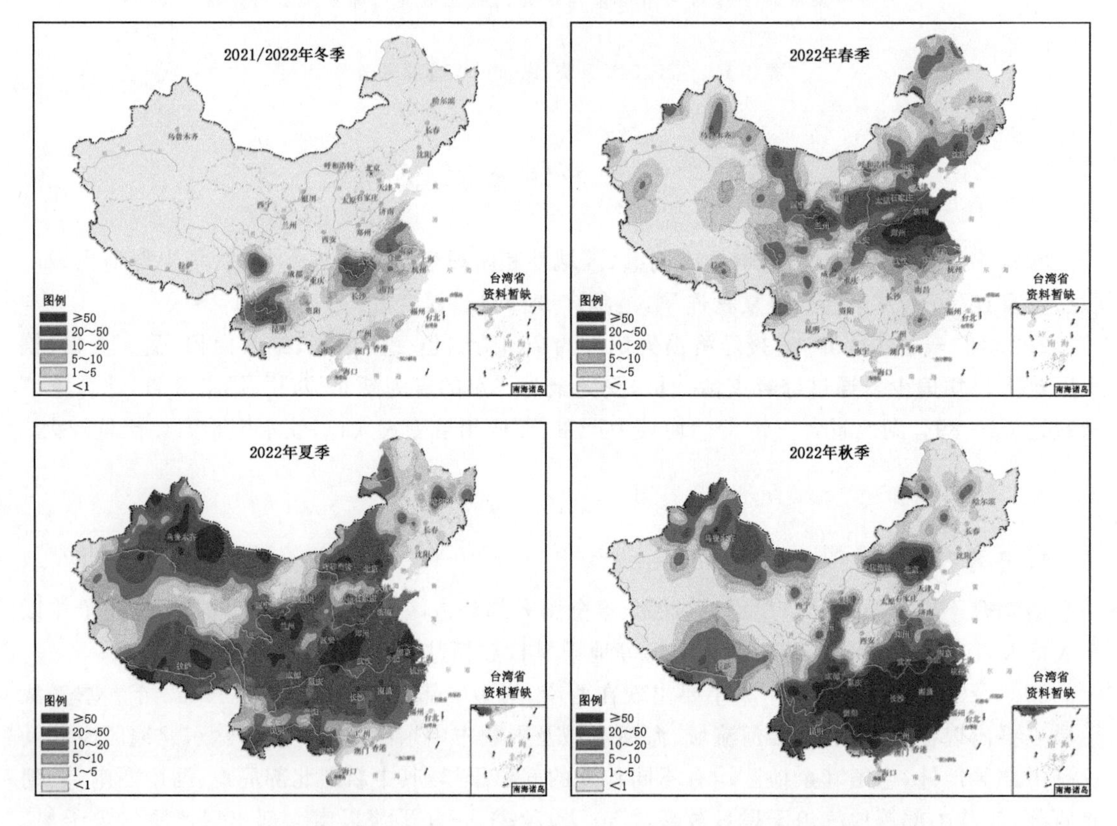

图 2.2.2　2022 年四季全国气象干旱(中旱及其以上等级干旱)日数分布(单位:天)

2. 干旱气候指数

干旱气候指数是基于标准化降水指数评估干旱的程度，划分相应级别，确定日干旱指数并累积求得。经标准化处理后，2022 年，全国干旱气候指数为 10.9，较常年(4.2)明显偏高，干旱程度明显偏强(图 2.2.3)。

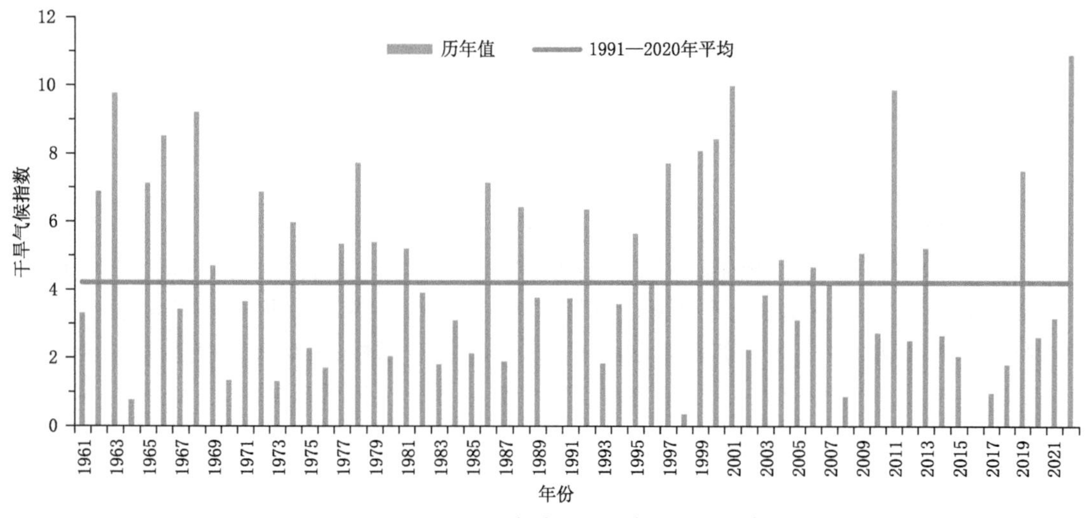

图 2.2.3 1961—2022 年全国干旱气候指数历年变化

二、灾情特征

1. 全国灾情

2022 年，干旱直接经济损失较过去 10 年(2012—2021 年)偏多约 70 亿元，损失严重；但受灾面积和绝收面积分别偏少 292.3 万公顷和 31.8 万公顷，受灾人口和饮水困难人口分别偏少 740.9和 268.3 万人(图 2.2.4)。

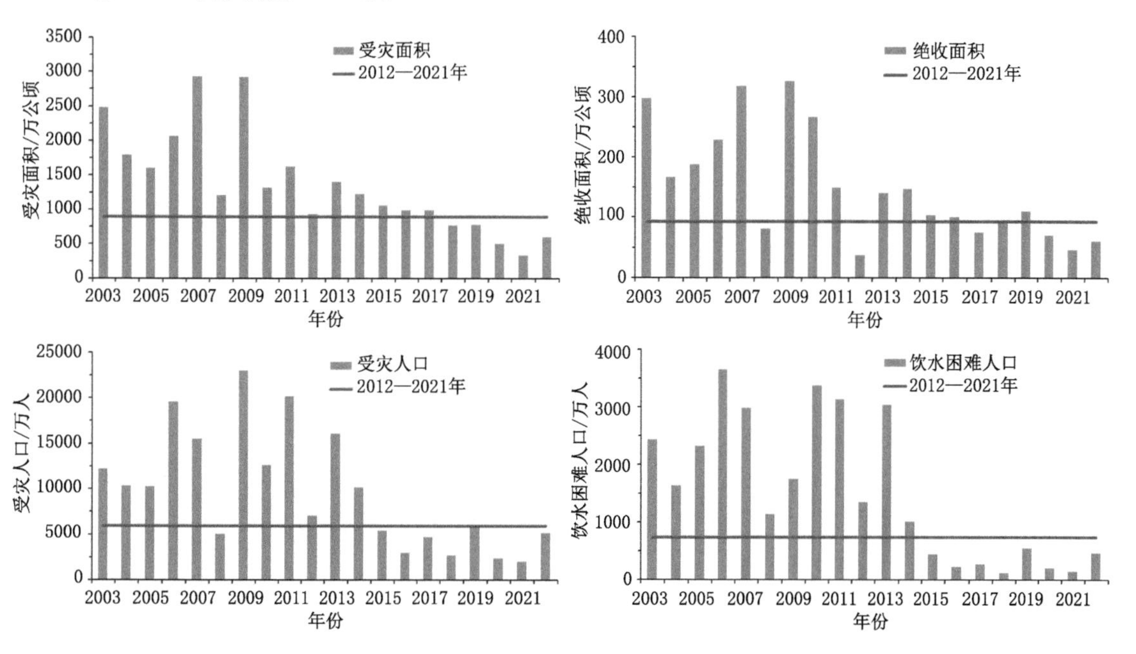

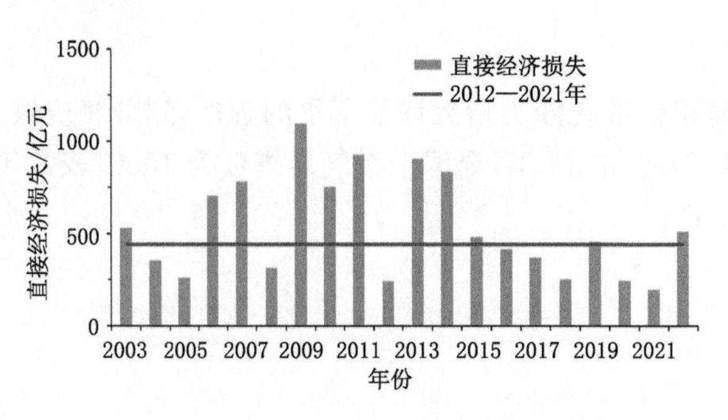

图 2.2.4 2003—2022 年全国干旱灾情指标

2. 各省(区、市)灾情

从 2022 年各省(区、市)干旱灾情来看(图 2.2.5),四川、内蒙古、河南、湖南、江西和湖北干旱受灾面积较大,均超过 50 万公顷;四川、重庆、湖南、江西和湖北绝收面积均超过 5 万公顷;河南、四川和湖北受灾人口数较多,为 707 万～861 万人;饮水困难人口较多的省(市)为重庆、湖北、四川,为 88 万～121 万人;直接经济损失较大的省份包括湖南、江西和湖北,为 66 亿～83 亿元。

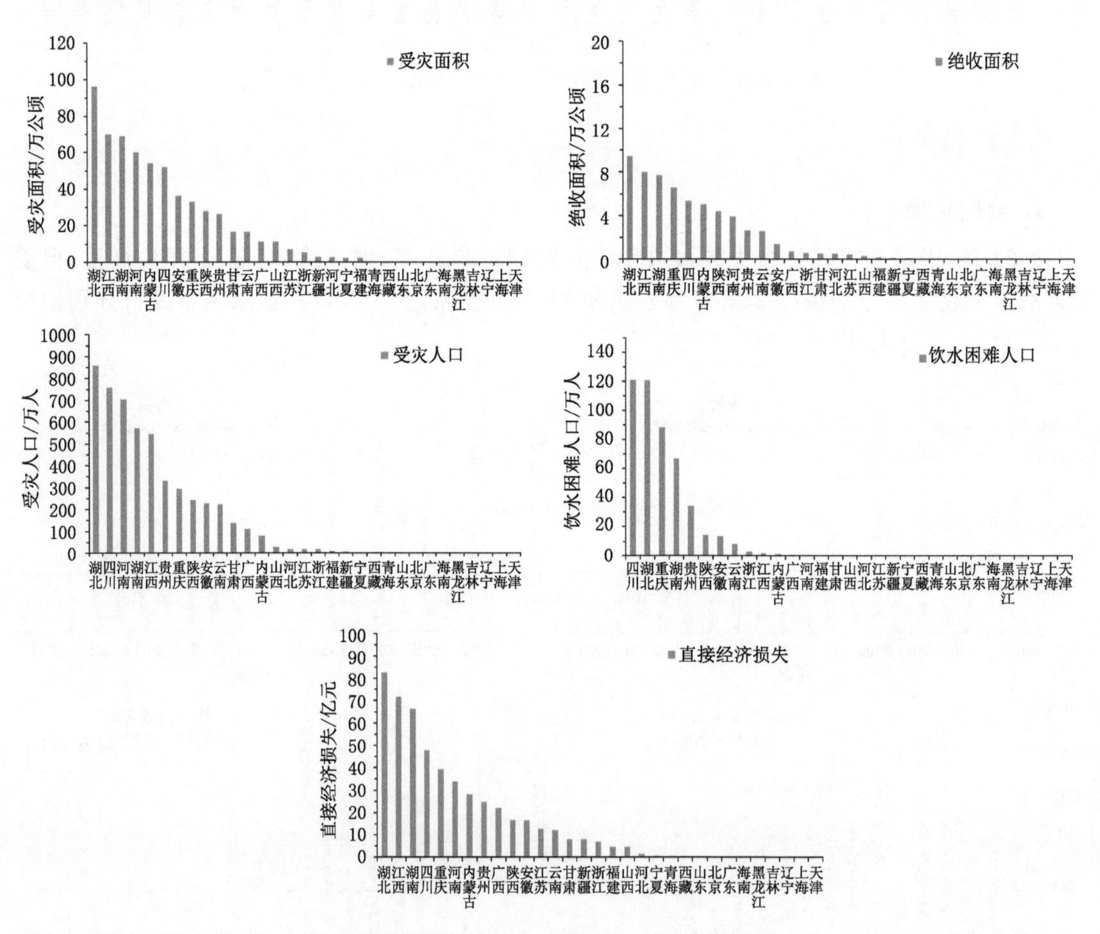

图 2.2.5 2022 年各省(区、市)干旱灾情指标

考虑受灾面积、绝收面积、受灾人口、饮水困难人口和直接经济损失5种灾情指标，定义各省(区、市)灾情综合指数为各省(区、市)各灾情指标占全国比重(单位取%)之和。2022年的计算结果如图2.2.6所示，可以看出，受灾最为严重的省份为湖北、四川和湖南，灾情综合指数达62～89。通过灾情综合分析，湖北较为严重，四川次之。

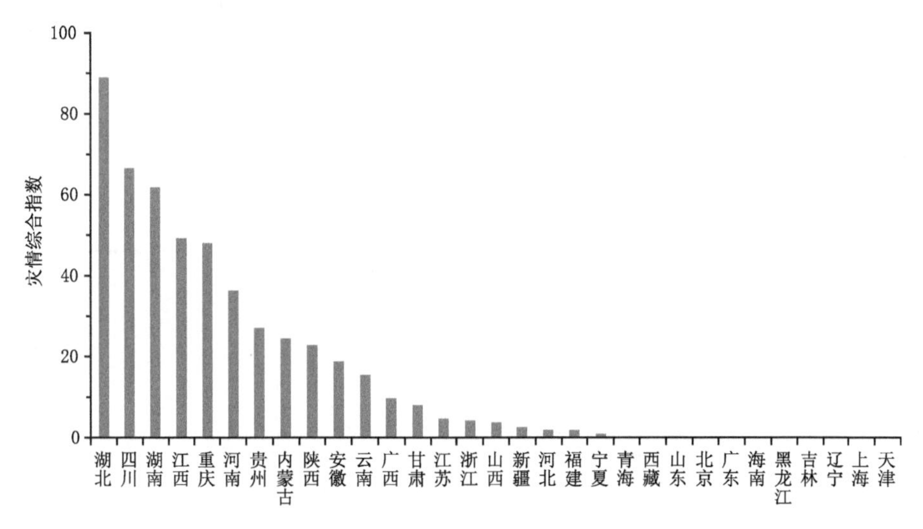

图2.2.6 2022年各省(区、市)干旱灾情综合指数

三、主要事件及影响

2022年，全国旱情总体偏重，区域性和阶段性干旱明显。华东、华中等地出现阶段性春夏连旱；南方遭遇严重夏秋连旱，范围广、时间长、程度重(表2.2.1)。

表2.2.1 2022年全国主要气象干旱事件简表

时间	干旱事件	程度	旱情概况
3月初至6月中旬	华东、华中等地出现阶段性春夏连旱	3月初，华东中北部、华中北部等地气象干旱持续发展，3月17日后旱区出现降水，气象干旱明显缓解；4—5月，由于温高雨少，华东中北部、华中北部等地气象干旱再次露头并发展，至5月31日，黄淮以及河北北部、甘肃南部等地存在中度及以上气象干旱；6月21—24日、26—27日，北方旱区出现明显降水，气象干旱得到明显缓解	由于干旱持续时间较长，造成北方部分地区土壤墒情偏差，对农业生产造成一定影响，不利小麦籽粒灌浆以及夏玉米、夏大豆等作物播种出苗和幼苗生长
7月至11月中旬	南方遭遇严重夏秋连旱	长江中下游及川渝等地持续高温少雨，遭遇夏秋连旱。长江流域中旱及以上干旱日数77天，较常年同期偏多54天，为1961年以来历史同期最多，过程最大影响面积(163万千米^2)、单日最大影响面积(133万千米^2，2022年8月24日)以及重旱站数比例(91%)、特旱站数比例(76%)等多项指标均为历史之最	持续的高温干旱对长江流域及其以南地区农业生产、水资源供给、能源供应及人体健康产生较大影响，对当地生态系统也造成了一定的负面影响

1. 华东、华中等地出现阶段性春夏连旱

2022 年 3 月初，华东中北部、华中北部等地气象干旱持续发展；3 月 17 日后旱区出现降水，气象干旱明显缓解。4—5 月，由于温高雨少，华东中北部、华中北部等地气象干旱再次露头并发展；5 月 31 日，黄淮以及河北北部、甘肃南部等地存在中度及以上气象干旱，其中山东南部、河南中东部、江苏北部、安徽北部等地出现特旱(图 2.2.7)。6 月 21—24 日，旱区大部出现 10～25 毫米、局部超过 50 毫米的降水；6 月 26—27 日，北方旱区再次出现明显降水，其中河南东部、山东南部、江苏北部等地有 50～100 毫米，局地超过 100 毫米，北方旱区气象干旱得到明显缓解。由于干旱持续时间较长，造成北方部分地区土壤墒情偏差，对农业生产造成一定影响，不利小麦籽粒灌浆以及夏玉米、夏大豆等作物播种出苗和幼苗生长。

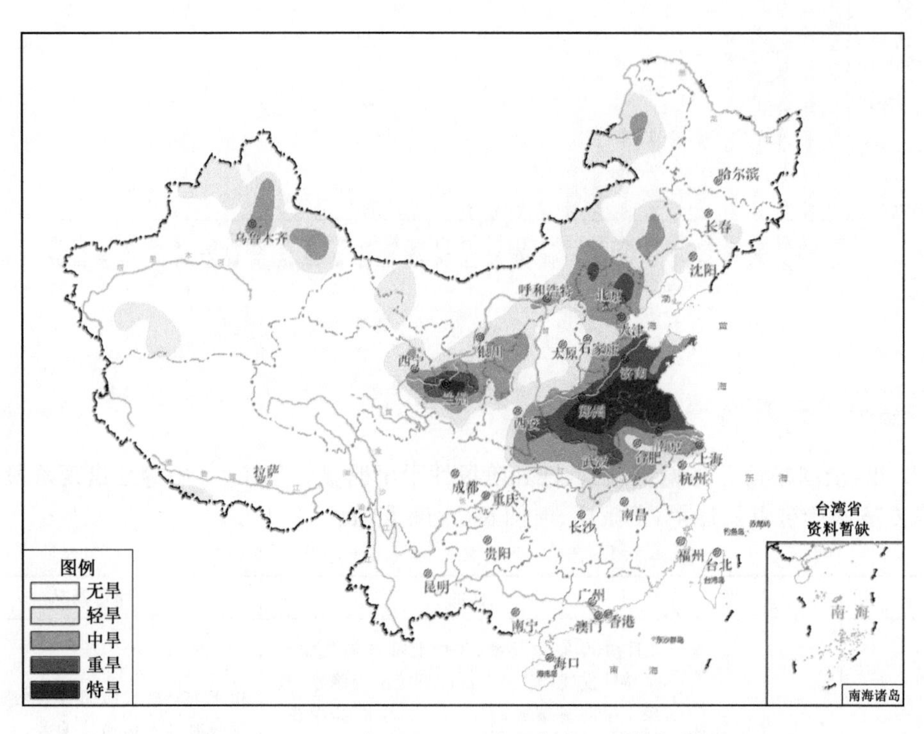

图 2.2.7 2022 年 5 月 31 日全国气象干旱综合监测

2. 南方遭遇严重夏秋连旱

7 月至 11 月上半月，长江中下游及川渝等地持续高温少雨，遭遇夏秋连旱。长江流域中旱及以上干旱日数 77 天，较常年同期偏多 54 天，为 1961 年以来历史同期最多，过程最大影响面积(163 万千米^2)、单日最大影响面积(133 万千米^2，2022 年 8 月 24 日)以及重旱站数比例(91%)、特旱站数比例(76%)等多项指标均为历史之最。8 月 18 日，中央气象台与国家气候中心联合发布气象干旱预警，这也是自 2013 年以来，第二次启动气象干旱预警，预警时长共 79 天。8 月 24 日，湘鄂赣粤桂闽黔滇陕川渝浙苏皖 14 省(区、市)中旱及以上面积达到峰值(图 2.2.8)。8 月 25 日至 9 月 1 日，长江流域西部及北部地区出现明显降雨过程，四川东部、陕西南部气象干旱缓解较为明显。进入 9 月，长江中下游及以南大部地区持续少雨，气象干旱持续发展，特旱区域有所扩大；9 月 27 日，鄱阳湖主体及附近水域面积为 638 千米^2，较历史同期偏小 7 成,相较 6 月 27 日(3331 千米²)减小 8 成,为历史新低。10 月上旬,长江以北地区受降水影响气象干旱有所缓解,但长江以南大部地区气象干旱持续发展。11 月 15—30 日,江南、华南出现明显降水过程,气象干旱得到有效缓解。持续的高温干旱对长江流域及其以南地区农业生产、水资源供给、能源供应及人体健康产生较大影响。

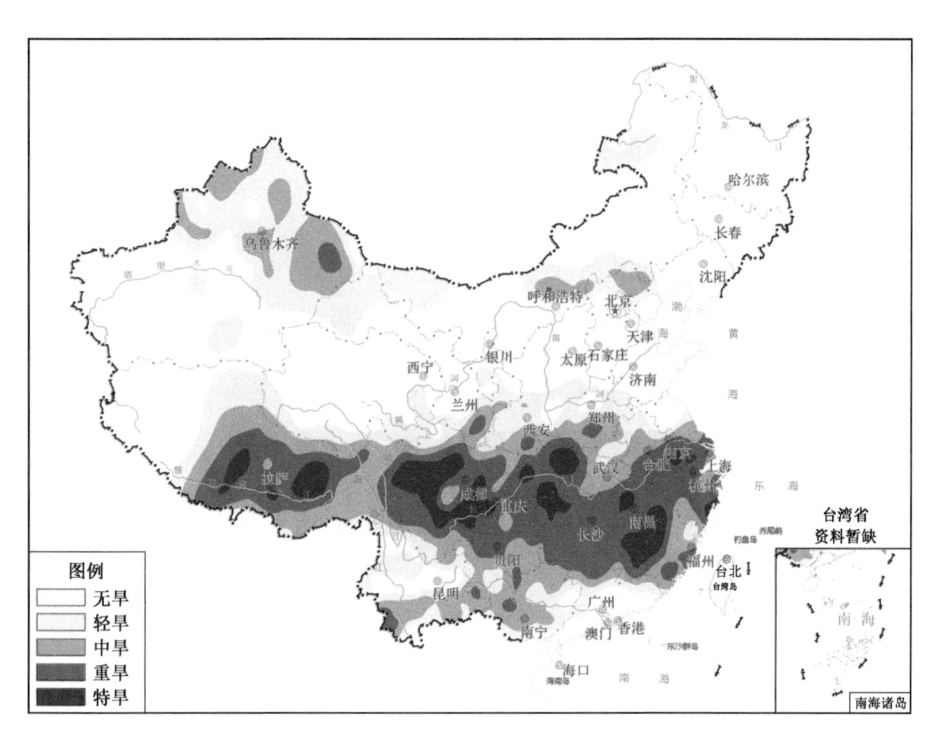

图 2.2.8 2022 年 8 月 24 日全国气象干旱综合监测

第三节 暴雨洪涝及其影响

2022 年,全国平均降水量比常年偏少 5%。冬春季降水量偏多、夏秋季偏少。全国共出现 38 次区域暴雨过程,东北、华南、华北降水量偏多,辽河流域降水量为 1961 年以来第二多。暴雨站日较常年略偏多。雨涝气候指数为 5.7,强度偏强。春末夏初"龙舟水"强袭珠江流域,出现汛情;6—7 月东北地区雨日多、雨量大,松辽流域出现汛情;8 月中下旬四川、青海等局地短时强降雨引发山洪,致灾重。

据统计,2022 年全国因暴雨洪涝共造成 3385 万人次受灾,死亡(含失踪)171 人;农作物受灾面积 341 万公顷,其中,绝收面积 49 万公顷;倒塌房屋 3.1 万间,直接经济损失 1289 亿元。

总体上看,2022 暴雨过程频繁,华南、东北雨涝灾害重,珠江流域和松辽流域出现汛情。2022 年全国暴雨洪涝造成的直接经济损失、受灾面积和死亡人口均少于近十年平均,受灾面积和死亡人口均为近十年最少。2022 年各类气象灾害中,暴雨洪涝灾害相对比较突出,造成的直接经济损失较重。2022 年受灾较重的有江西、福建、广东、广西、辽宁、湖南等省(区)。

一、基本特征

1. 暴雨洪涝分布

2022 年主汛期(6—8 月),全国平均降水量 290.6 毫米,较常年同期偏少 12%,为 1961 年以来历史同期第二少。主要多雨区出现在我国北方,吉林降水量为 1961 年以来历史同期最多,山东为第三多。与常年同期相比,东北中南部、华北西部和东南部、陕西北部、山东、广东北部等地降水量偏多 2 成至 1 倍。从夏季(6—8 月)降水量百分位数分布图可以看出(图 2.3.1),吉林南部、辽宁北部、山东中南部、山西北部、陕西北部、广东北部、广西东北部等地达到了洪涝标准。

从月降水量距平百分率分析来看,4 月湖北南部,5 月广西西部,6 月吉林南部、辽宁北部、内蒙古东南部、山东东南部、广东北部、广西东北部,7 月吉林西南部、辽宁中北部、山西北部和东南部、山西中部和西南部、河南北部、安徽和江苏的北部,8 月河北西部、山西北部、陕西北部,9 月浙江东北部、西藏东南部等地达到了一般洪涝或严重洪涝标准。

从旬降水量分析来看,6 月中旬浙江西南部、福建东北部、广东北部、广西东北部,7 月上旬广东中部和西南部、海南中南部等地达到一般洪涝或严重洪涝标准。

综合上述各项指标,2022 年我国暴雨洪涝主要发生在吉林南部、辽宁北部、内蒙古东南部、山东大部、山西北部、陕西北部、广东中北部和西南部、广西东北部等地。

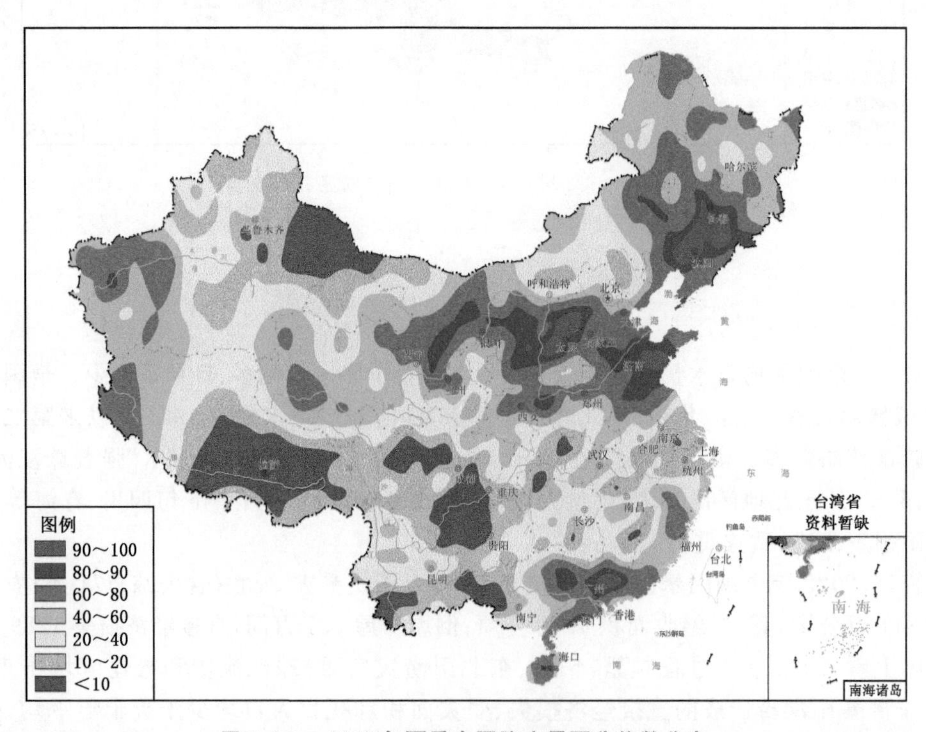

图 2.3.1　2022 年夏季全国降水量百分位数分布

2. 极端降水

2022 年,全国共出现暴雨(日降水量≥50.0 毫米)6383 站日,比常年偏多 2.5%(图

2.3.2)。华南中东部、华东南部及江西中北部、湖北东部、安徽南部、山东中东部、四川东北部、重庆北部等地暴雨日数有 4～8 天,其中广西东北部、广东中部和南部、海南大部在 8～12 天。与常年相比,东北地区南部局地及山东大部、山西北部、陕西北部和南部局地、广东、广西东北部、海南等地暴雨日数较常年偏多 1～3 天,局地超过 3 天。

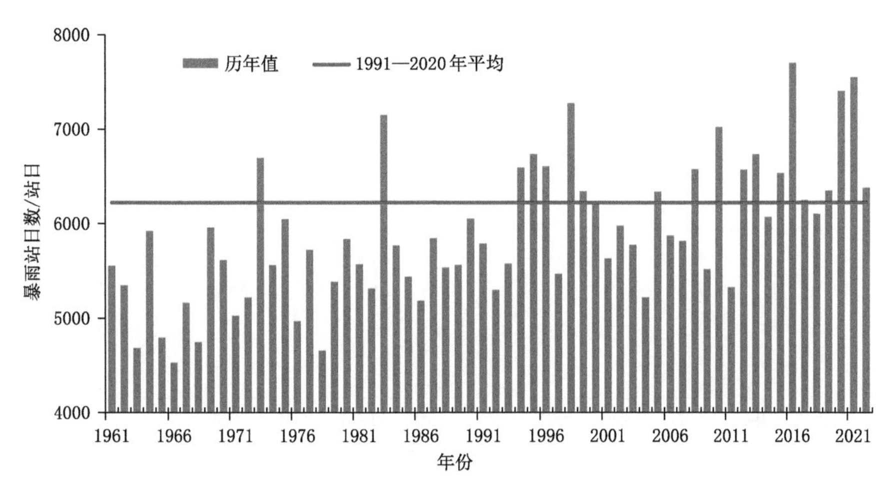

图 2.3.2　1961—2022 年全国年暴雨站日数历年变化

2022 年,全国共有 210 个国家站日降水量达到极端事件监测标准,其中,吉林、内蒙古、山西、云南、广东、广西等地 48 站突破历史极值,海南三亚(421.6 毫米)、云南麻栗坡(344.7 毫米)日降水量超过 300 毫米(图 2.3.3)。全国共 61 个国家级气象站连续降水量突破历史极值,主要分布在广东、广西、福建、湖南、山西等省(区),广东英德连续降水量达 1214.1 毫米。

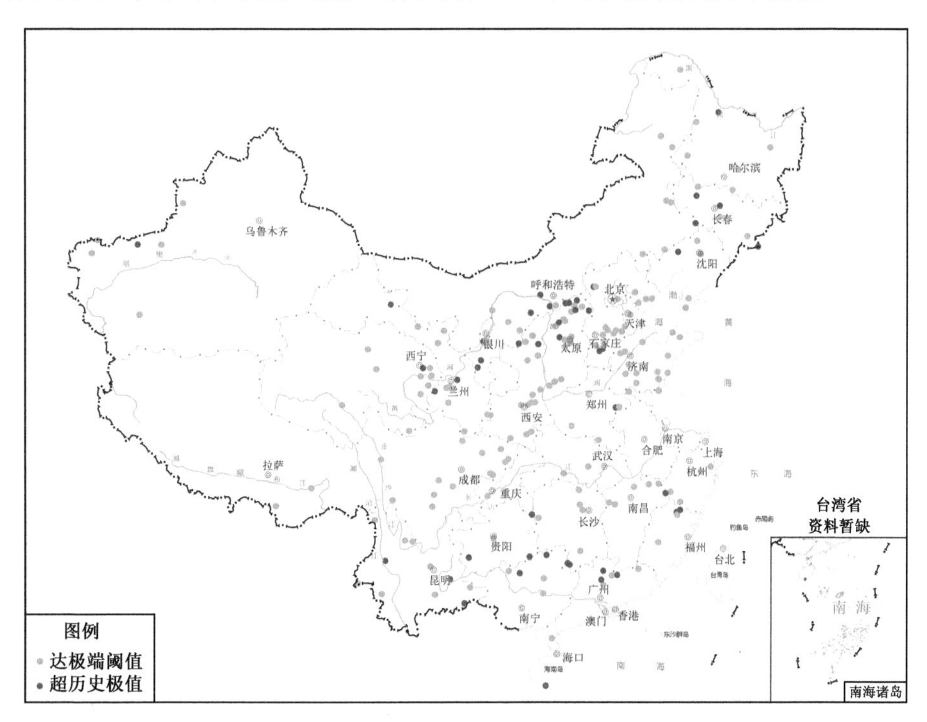

图 2.3.3　2022 年全国极端日降水量事件站点分布

3. 雨涝气候指数

雨涝气候指数是根据日降水量等级与强降水日数的非线性关系计算得到。2022 年全国雨涝气候指数为 5.7,较常年(5.2)略偏大(图 2.3.4)。

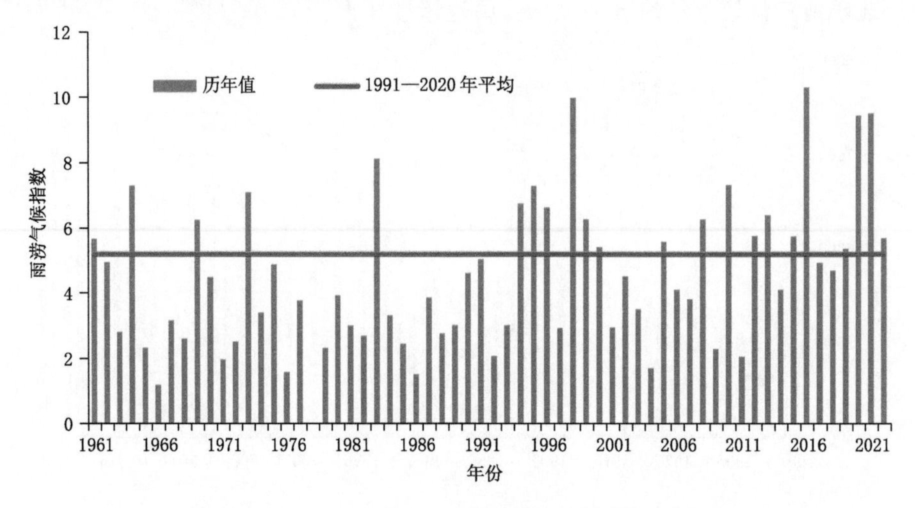

图 2.3.4　1961—2022 年全国雨涝气候指数历年变化

二、主要事件及影响

1. 春末夏初珠江流域出现汛情

5 月 21 日至 6 月 21 日"龙舟水"期间,珠江流域出现 6 次强降雨过程,大部地区累积降水量超过 400 毫米,其中广西中北部、广东中北部以及湖南南部、江西南部等地部分地区 600～900 毫米,广西桂林、柳州、贺州和广东清远、韶关等地超过 900 毫米,广西桂林临桂区局地 1616 毫米(图 2.3.5)。其中 6 月 3—14 日和 6 月 16—21 日两次区域暴雨过程综合强度较强。上述大部地区降水量较常年同期偏多 5 成以上,广东北部、广西东北部等地偏多 1～2 倍。珠江流域平均降水量为 440 毫米,较常年同期偏多 53%,为 1961 年以来历史同期第 2 多。受强降雨影响,珠江流域逾 45 条河流超警戒水位,6 月 21 日,珠江防总将防汛应急响应提升至Ⅰ级;广东、广西多地出现城乡积涝,给交通及农业生产等带来不利影响。

2. 6—7 月东北地区雨日多、雨量大,松辽流域出现汛情

6—7 月,东北三省平均降水量(334.1 毫米,偏多 39%)为 1961 年以来历史同期第二多(图 2.3.6);吉林降水量(414.2 毫米,偏多 65%)和降水日数(37.8 天)均为历史同期最多,辽宁降水量 420.6 毫米,比常年同期偏多 7 成,超过常年夏季降水总量,为近 30 年历史同期最多,降水日数为历史同期第二多。受强降雨影响,松辽流域有 40 条河流发生超警戒洪水,8 月初辽宁绕阳河盘锦段出现堤坝溃口;部分公路基础设施出现损毁或中断;吉林、辽宁部分低洼农田出现短时渍涝,加上日照时数偏少,一季稻、春玉米、大豆等农作物生长受到不利影响。

3. 8 月中下旬四川、青海等局地短时强降雨致灾重

8 月中下旬,我国西部地区暴雨过程频繁、区域叠加,四川、青海、甘肃、陕西等地发生洪涝灾害。8 月 13 日,四川彭州龙槽沟附近受上游降水影响突发山洪,多人被洪水卷走。8 月 17

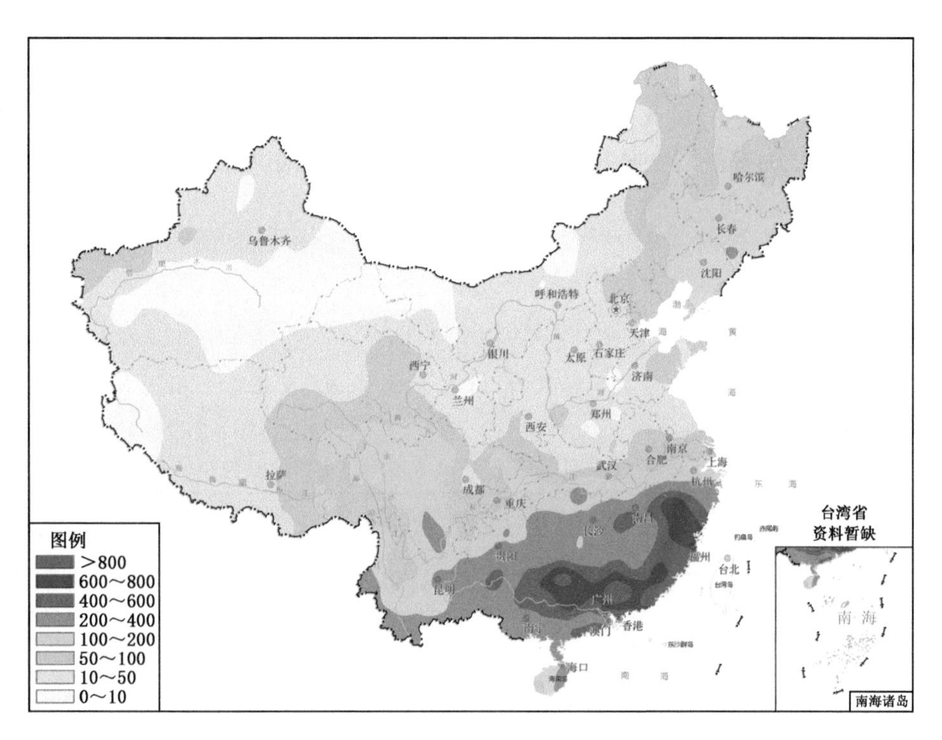

图 2.3.5　2022 年 5 月 21 日至 6 月 21 日全国降水量分布(单位:毫米)

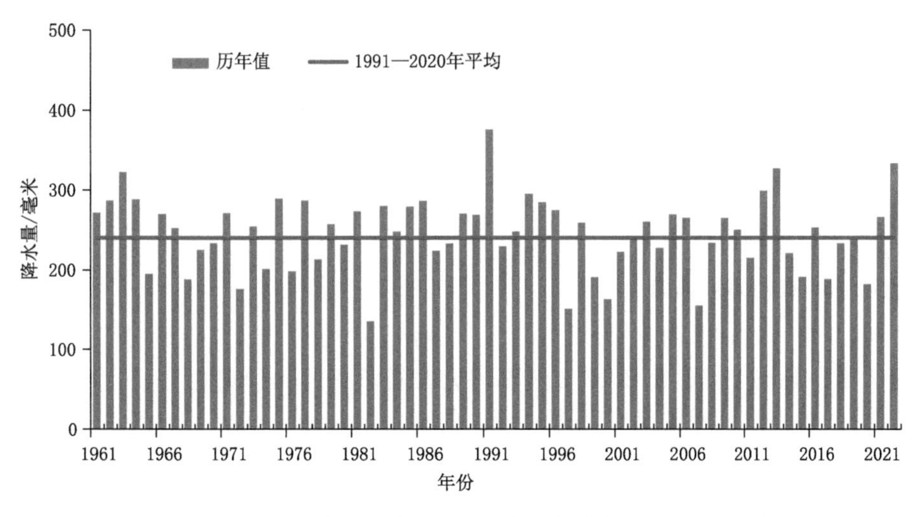

图 2.3.6　6—7 月东北三省平均降水量历年变化(1961—2022 年)

日夜间,青海省西宁市大通县出现短时强降雨,1 小时最大累积降水量达 40.6 毫米,暴雨引发山洪灾害,道路、桥梁、水利等基础设施受损严重,造成 27 人死亡、4 人失踪。

第四节　台风及其影响

2022 年,西北太平洋和我国南海共有 25 个台风(中心附近最大风力≥8 级)生成,生成个数接近常年 (25.5 个)平均值。其中 2203 号“暹芭”(Chaba)、2207 号“木兰”(Mulan)、2209 号

“马鞍”(Ma-on)、2212号“梅花”(Muifa)共4个台风先后在我国登陆,登陆个数较常年(7.2个)偏少3.2个。

2022年,影响我国的台风共造成2人死亡,直接经济损失52.7亿元;与1992—2021年平均值相比,台风造成的直接经济损失偏低,死亡人数明显偏少;影响较大的台风是“梅花”,受灾较重的地区是浙江等省份。

一、基本特征

1. 生成个数接近常年

2022年,在西北太平洋和我国南海共有25个台风生成(表2.4.1和图2.4.1),生成个数接近常年(25.09个)平均值。

表2.4.1 在西北太平洋和我国南海2022年和常年各月及全年台风生成个数

时间	1月	2月	3月	4月	5月	6月	7月	8月	9月	10月	11月	12月	全年
2022年生成个数	0	0	0	2	0	1	3	5	7	5	1	1	25
常年生成个数*	0.33	0.23	0.30	0.53	0.97	1.63	3.80	5.67	5.03	3.53	2.10	0.97	25.09

*为1991—2020年30年平均值。

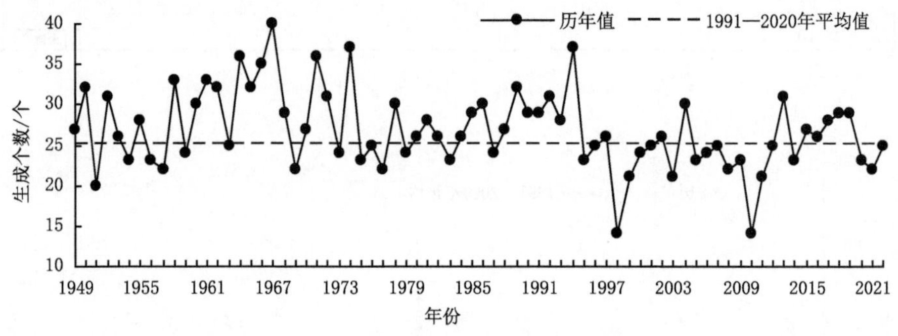

图2.4.1 1949—2022年在西北太平洋和我国南海台风生成个数历年变化

2. 起编和停编时间均偏晚

2022年,最早开始编号的是2201号台风“马勒卡”(Malakas),其起编时间为4月8日,较常年(3月23日)偏晚16天,比2021年最早起编时间(2月18日)偏晚49天。

2022年,最晚停止编号的是2225号台风“帕卡”(Pakhar),其停编时间为12月12日,较常年(12月3日)偏晚9天。比2021年最晚停编时间偏早9天。

3. 登陆个数偏少,登陆比例偏低

2022年,共有4个台风(登陆时中心附近最大风力≥8级)在我国沿海登陆(表2.4.2和图2.4.2),登陆个数较常年(平均7.2个)偏少3.2个,较2021年登陆个数偏少2个。台风登陆比例为16.0%,较常年值(29.1%)明显偏低(图2.4.3)。

表2.4.2 2022年和常年4—12月在我国登陆台风个数

时间	4月	5月	6月	7月	8月	9月	10月	11月	12月	总计
2022年登陆个数	0	0	0	1	2	1	0	0	0	4
常年登陆个数*	0.03	0.03	0.60	1.87	2.33	1.67	0.57	0.07	0.03	7.2

*为1991—2020年30年平均值。

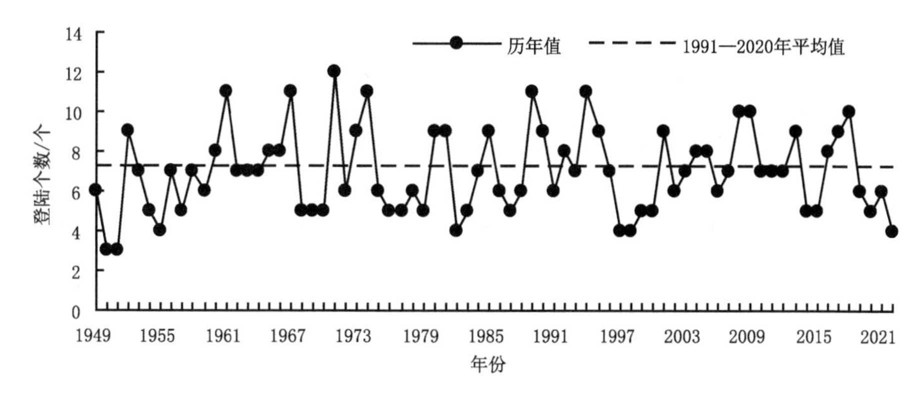

图 2.4.2 1949—2022 年在我国登陆台风个数历年变化

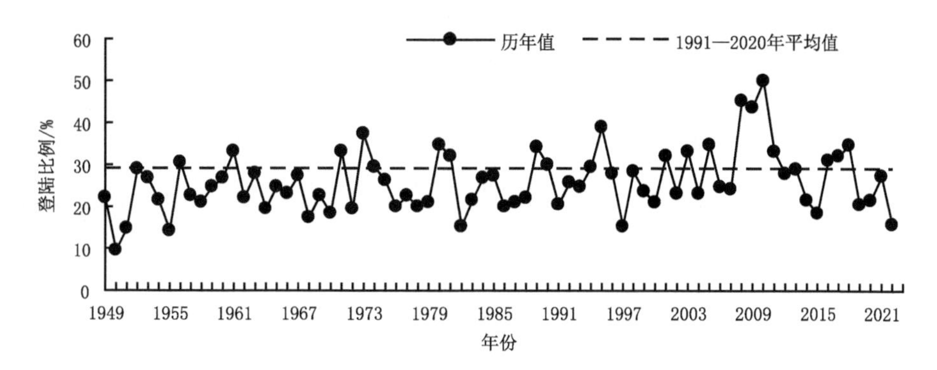

图 2.4.3 1949—2022 年台风在我国登陆比例历年变化

4. 初台登陆时间较常年偏晚、末台偏早

2022 年,第一个在我国登陆的台风是 2203 号“暹芭”(Chaba),其登陆时间为 7 月 2 日,较常年初台登陆时间(平均为 6 月 26 日)偏晚 6 天。最后一个在我国登陆的台风是 2212 号“梅花”(Muifa),其登陆时间为 9 月 14 日,比常年末台登陆时间(平均为 10 月 1 日)偏早 17 天。

5. 登陆强度偏弱、登陆地点总体偏南

2022 年,登陆我国的 4 个台风的平均强度(以台风中心最大风速来表征)为 29.4 米/秒,较常年(31.2 米/秒)偏弱。其中 3 个台风登陆广东;“梅花”台风先后登陆浙江、上海、山东和辽宁。2022 年台风登陆地点总体偏南、登陆强度较常年平均值偏弱。

6. 初台“暹芭”强度强

2203 号台风“暹芭”于 7 月 2 日 15 时在广东电白沿海登陆,是 2022 年首个登陆我国的台风(初台),登陆时中心附近最大风力达 12 级(35 米/秒),登陆强度在初台中位列 1991 年以来并列第四强,也是近 20 年来登陆广东最强的南海“土”台风。

二、影响评价

2022 年,影响我国的台风带来了大量降水,对缓解部分地区干旱和高温天气以及增加水库蓄水等十分有利,但台风导致部分地区降水强度大、风力强,造成了一定的人员伤亡和经济损失。

据统计，2022 年全国共有 10 个省(区、市)受到台风的影响，受灾人口近 430 万人次，造成 2 人死亡，农作物受灾面积 15.7 万公顷，直接经济损失 52.7 亿元(表 2.4.3)。其中死亡人数和直接经济损失均少于 1992—2021 年平均水平。造成损失较重的主要是“梅花”和“暹芭”。总体而言，2022 年为台风灾害损失较轻年份。

表 2.4.3 2022 年全国台风主要灾情统计

国内编号及中英文名称	登陆时间	登陆地点	最大风力(级)(风速/(米/秒))	受灾地区	受灾人口/万人	死亡人口/人	失踪人口/人	转移安置/万人	倒塌房屋/万间	受灾面积/万公顷	直接经济损失/亿元
2203“暹芭”(Chaba)	7 月 2 日	广东电白	12(35)	江西	3.67	—	—	0.02	—	0.36	1.73
				广东	98.82	—	1	3.61	0.01	7.39	18.73
				广西	80.23	—	—	2.58	0.05	3.01	8.87
				海南	3.55	2	—	0.77	—	0.14	1.83
2207“木兰”(Mulan)	8 月 10 日	广东徐闻	8(20)	广东	7.97	—	—	0.07	—	0.01	0.26
				广西	4.55	—	—	—	0.01	0.06	0.10
				海南	0.13	—	—	0.05	—	—	—
2209“马鞍”(Ma-on)	8 月 25 日	广东电白	11(30)	广东	50.72	—	—	0.74	0.01	0.11	0.85
				广西	2.87	—	—	0.11	—	0.39	0.63
				海南	0.06	—	—	0.02	—	—	—
2212“梅花”(Muifa)	9 月 14 日 9 月 15 日 9 月 16 日 9 月 16 日	浙江舟山 上海奉贤 山东青岛 辽宁大连	13(40) 12(35) 9(23) 9(23)	浙江	109.87	—	—	35.35	—	2.83	18.14
				上海	42.44	—	—	15.00	—	0.41	0.70
				江苏	18.10	—	—	1.58	—	0.31	0.32
				山东	5.12	—	—	—	—	0.59	0.16
				辽宁	1.62	—	—	0.06	—	0.12	0.36
全年合计					429.72	2	1	60.06	0.08	15.73	52.68

注：“—”表示无数据。

9 月 14—16 日，2212 号台风“梅花”先后登陆我国浙江、上海、山东和辽宁，是 1949 年以来第三个 4 次登陆我国的台风，台风“梅花”4 次登陆地点为不同省(市)，是 1949 年以来首次。台风“梅花”在浙江舟山普陀登陆时强度为 40 米/秒，是 2022 年登陆我国最强的台风；台风“梅花”在上海奉贤登陆的强度为 35 米/秒，是 1950 年以来登陆上海的最强台风；台风“梅花”还是 1949 年以来最晚登陆山东、辽宁的台风，打破了 1949 年以来，秋台风登陆地的最北纪录。

受台风“梅花”影响，浙江绍兴、宁波、舟山及山东青岛、烟台等地部分地区累积降水量达 250～500 毫米，绍兴上虞和嵊州、宁波余姚局地达 600～707 毫米，浙江(2 个)、山东(8 个)、辽宁(11 个)、吉林(2 个)共 23 个国家级气象观测站日降雨量突破 9 月极值，山东福山日降水量(183.5 毫米)突破建站以来历史极值。上海沿海、浙江沿海及部分岛礁阵风有 12～15 级，最大阵风出现在浙江舟山徐公岛(16 级，53.6 米/秒)，浙江东北部沿海海面 12 级以上大风累积时长达 12 个小时。据应急管理部统计，台风“梅花”造成辽宁、上海、江苏、浙江、山东等地 177.15 万人受灾，近 52 万人紧急转移安置，农作物受灾面积近 4.3 万公顷，直接经济损失近 20 亿元。受台风“梅花”影响，浙江、上海、江苏、山东等地航班大面积取消、部分列车停运、海上航行停航；浙江、江苏等局地农作物受淹倒伏、设施农业受损、树木倒伏、电线杆折断等。与此同时，台风“梅花”带来的降雨缓解了前期江苏南部、上海、浙江北部、安徽南部的气象干旱，上海、浙江、江苏、安徽共增加水资源 113 亿米^3，太湖水位上涨 0.1 米左右；另外，华东地区 $PM_{2.5}$ 和 PM_{10} 浓度显著下降，空气质量得到改善。

第五节　冰雹和龙卷及其影响

2022 年，全国共有 26 个省(区、市)的 593 个县(市)次出现冰雹，20 个县(市)次出现龙卷风。受冰雹、龙卷等强对流天气影响，全国累积 930.6 万人次受灾，88 人死亡和失踪；700 余间房屋倒塌，9.7 万间房屋不同程度损坏；农作物受灾面积 152.8 万公顷，其中绝收面积 17.5 万公顷；直接经济损失 166.7 亿元。与 2007—2021 年平均值相比，2022 年全国因强对流天气造成的受灾人口、受灾面积和经济损失均偏少，倒塌、损坏房屋数明显偏少。其中云南、内蒙古、江苏、青海等省(区)灾情较为突出。

一、基本特征

1. 冰雹

(1)降雹次数偏少。2022 年，全国 26 个省(区、市)遭受冰雹袭击。据统计，共有 593 个县(市)次出现冰雹。

(2)初雹时间偏早，终雹时间接近常年。2022 年，全国最早一次冰雹天气出现在 1 月 4 日(贵州省黔南州龙里县、安顺市平坝区)，初雹时间较常年(平均出现在 2 月上旬)偏早；最晚一次冰雹天气出现在 11 月 29 日(福建省三明市区、清流县、尤溪区、建瓯市区及古田县共 17 个乡镇、街道)，终雹时间较常年(平均出现在 11 月中旬)略偏晚。

(3)降雹主要集中在春季和夏季。从 2022 年降雹发生的地区分布来看，发生降雹超过 50 县(市)次的地区为云南、内蒙古、贵州，分别占全国降雹县(市)次的 13.5%、12.3%、9.6%；湖北、新疆、四川、河南、广西、福建、湖南降雹超过 20 县(市)次，分别占全国降雹县(市)次的 6.9%、6.4%、6.0%、5.4%、5.2%、4.1%、3.9%；山东、辽宁、陕西、吉林、青海、宁夏、浙江降雹超过 10 县(市)次，共占全国降雹县(市)次的 17.9%；其余各省(区、市)降雹县(市)次不足 10 县(市)次。

2. 龙卷

(1)发生次数明显偏少。2022 年，全国有 7 个省(区、市)20 个县(市、区)发生了龙卷(表 2.5.1)，龙卷出现次数较 2001—2020 年平均次数(每年 50 个县(市、区)次)明显偏少(其中广东省佛山市南海区多次发生龙卷)。

(2)龙卷均发生在春、夏季。从 2022 年龙卷的季节分布来看，均发生在春、夏两季，春季出现龙卷 3 县(市、区)次，占全年总数的 15%；夏季出现 17 县(市、区)次，占全年的 85%；秋季、冬季未出现龙卷。从月际分布来看，7 月龙卷最多，发生 11 县(市、区)次，占全年的 55%；5 月发生 3 县(市、区)次，占全年的 15%；6 月发生 5 县(市、区)次，占全年的 25%；8 月发生 1 县(市、区)次，占全年的 5%；其他月份未发生龙卷。

(3)广东、江苏发生龙卷次数最多。从 2022 年龙卷发生的地区分布来看，广东、江苏最多，共发生12县(市、区)次,占全国龙卷总数的60%;内蒙古、海南、河南次之,各省均发生2县(市、区)次,分别占全国龙卷总数的10%;黑龙江、上海各有1县(市、区)次,分别占全国龙卷总数的5.0%;全国其他地区未发生龙卷。

表2.5.1 2022年全国龙卷简表

发生时间	发生地点
5月13日	海南省文昌市锦山镇
5月14日	黑龙江省五常市
5月18日	内蒙古自治区乌兰察布市卓资县
6月13日	河南省濮阳市濮阳县
6月17日	内蒙古自治区乌兰察布市兴和县
6月16日	广东省广州市从化区
6月19日	广东省佛山市南海区
6月30日	广东省佛山市南海区
7月2日	广东省潮州市潮安区
7月2日	广东省汕头市南澳县
7月2日	广东省佛山市南海区
7月4日	广东省广州市黄埔区
7月4日	广东省花都区花山镇
7月4日	广东省佛山市三水区
7月20日	江苏省连云港市海州区和灌云县、淮安市淮阴区
7月20日	江苏省宿迁市沭阳县
7月20日	江苏省盐城市响水县
7月20日	海南省儋州市木棠镇
7月22日	河南省商丘市睢阳区
8月30日	上海市浦东区

二、灾情特征

1. 全国灾情

2022年,全国因冰雹与龙卷等强对流天气灾害共造成930.6万人次受灾,88人死亡和失踪;700余间房屋倒塌,9.7万间房屋不同程度损坏;农作物受灾面积152.8万公顷,其中绝收面积17.5万公顷;直接经济损失166.7亿元。2022年全国强对流天气造成的直接经济损失较2007—2020年平均值(301.9亿元)偏少,所有灾情指标均比2007—2020年平均值偏少(图2.5.1)。

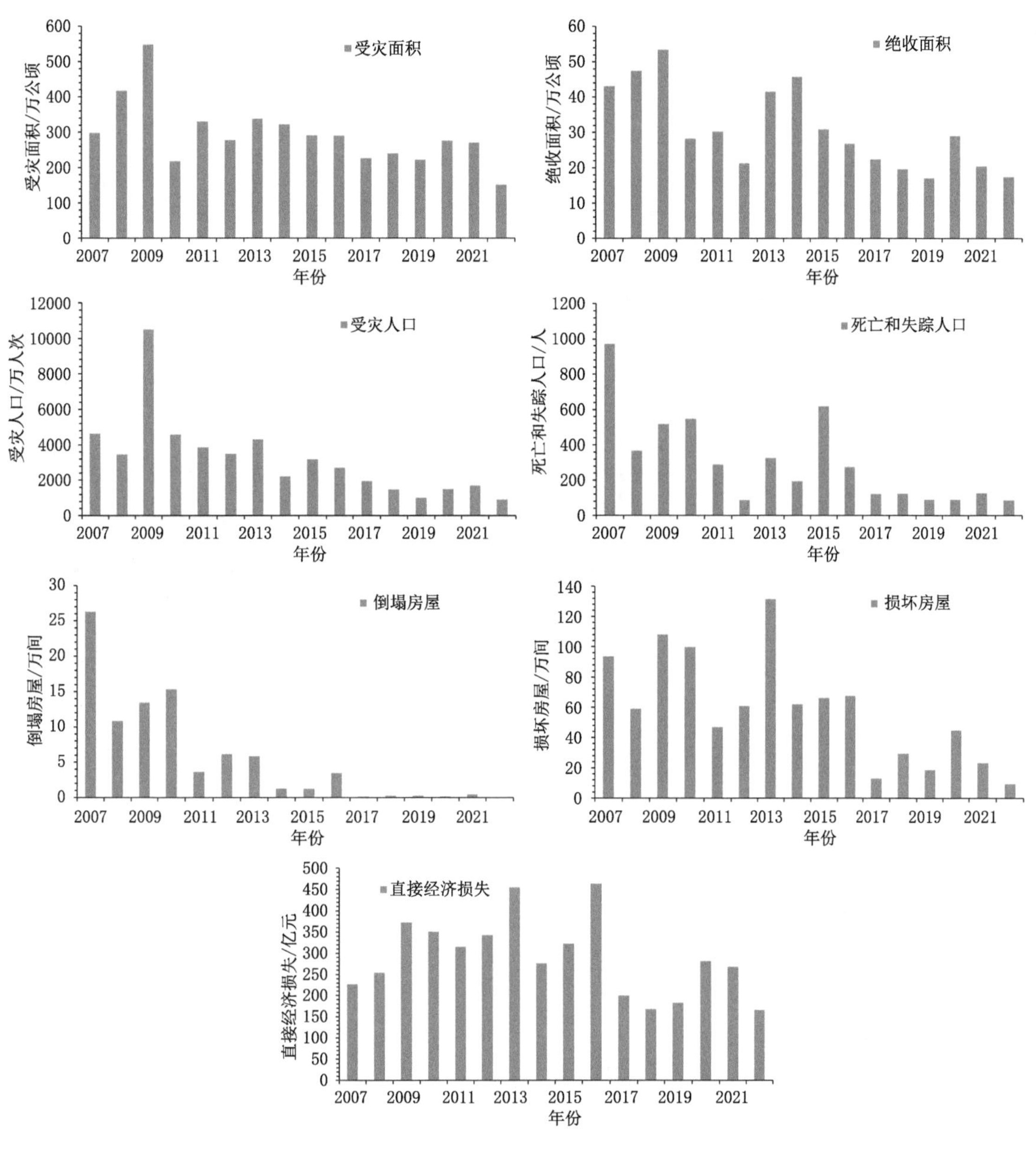

图 2.5.1 2007—2022 年全国强对流天气灾情指标

2. 各省(区、市)灾情

从 2022 年各省(区、市)灾情来看(图 2.5.2),2022 年因冰雹与龙卷等强对流天气灾害受灾面积、绝收面积较大的省(区)均为内蒙古、云南、新疆,其中受灾面积分别为 30.3 万公顷、22.2 万公顷、19.1 万公顷,绝收面积分别为 3.8 万公顷、3.4 万公顷、1.7 万公顷;受灾人口较多的省为云南、甘肃、贵州,分别为 242.7 万人、78.0 万人、69.5 万人;死亡和失踪人口较多的省为青海、河北、云南,分别为 27 人、15 人、10 人;倒塌房屋较多的省(区、市)为江苏、内蒙古、湖北、重庆、四川,分别为 0.03 万间、0.01 万间、0.01 万间、0.01 万间、0.01 万间;损坏房屋较多的省(市)为四川、湖北、重庆,分别为 1.32 万间、1.16 万间、1.15 万间;直接经济损失较大的省(区)为云南、内蒙古、新疆,分别为 32.7 亿元、19.3 亿元、14.4 亿元。

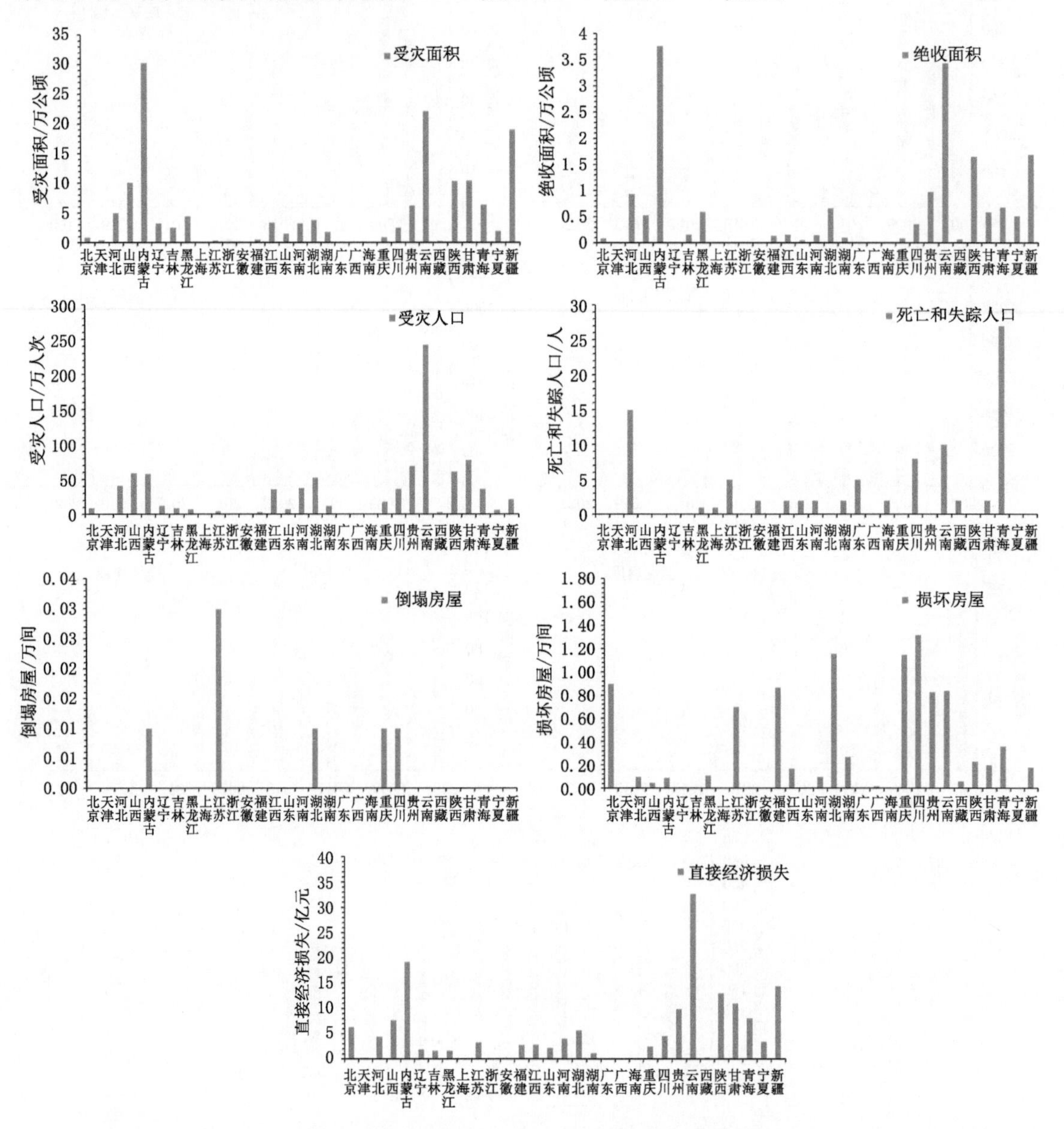

图 2.5.2　2022 年各省(区、市)强对流天气灾情指标

考虑受灾面积、绝收面积、受灾人口、死亡和失踪人口、倒塌房屋、损坏房屋、直接经济损失 7 个灾情指标,定义各省(区、市)灾情综合指数为各省(区、市)各灾情指标占全国比重(单位取%)之和。2022 年的计算结果如图 2.5.3 所示,可以看出,受灾最为严重的省为云南,之后依次为内蒙古、江苏,灾情综合指数分别为 99.8、74.4、58.6。青海死亡和失踪人口占全国比重最大,为 30.7%;江苏倒塌房屋数占全国比重为 42.9%。

三、主要事件及影响

2022 年全国主要冰雹和龙卷事件见附录 B。

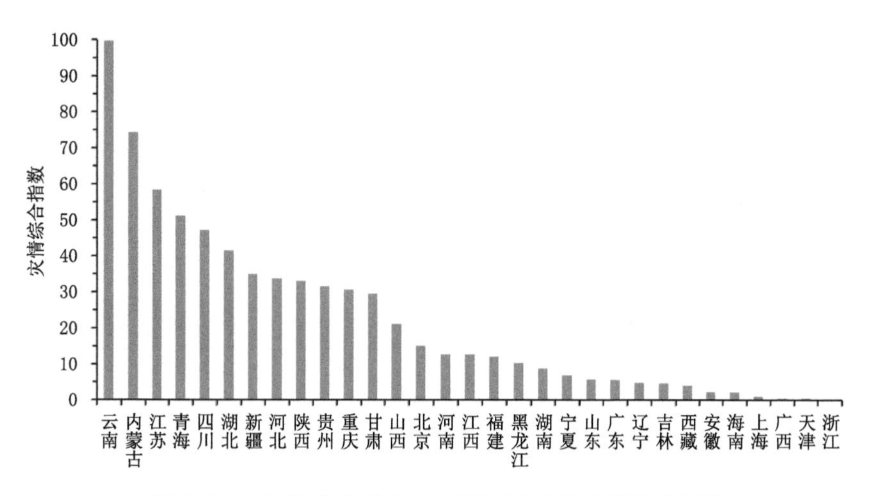

图 2.5.3 2022 年各省(区、市)强对流天气灾情综合指数

第六节 低温冷害和雪灾及其影响

2022 年,我国共发生 35 次冷空气过程(含寒潮过程 11 次),冷空气和寒潮过程均较常年偏多(寒潮过程偏多 6 次)。2 月,南方地区出现持续低温雨雪寡照天气,对农业、电力、交通造成不利影响;初春,北方暴雪和南方暴雨影响大;秋末冬初,两次寒潮过程降温幅度大、影响范围广,多地出现低温冷害和雪灾。2022 年,低温冷害和雪灾全国受灾面积 87.1 万公顷,直接经济损失 124.6 亿元,均低于近 10 年平均。

一、基本特征

2022 年,全国平均霜冻日数(日最低气温≤2 ℃)112.9 天,较 1991—2020 年平均偏少约 4.9 天(图 2.6.1)。

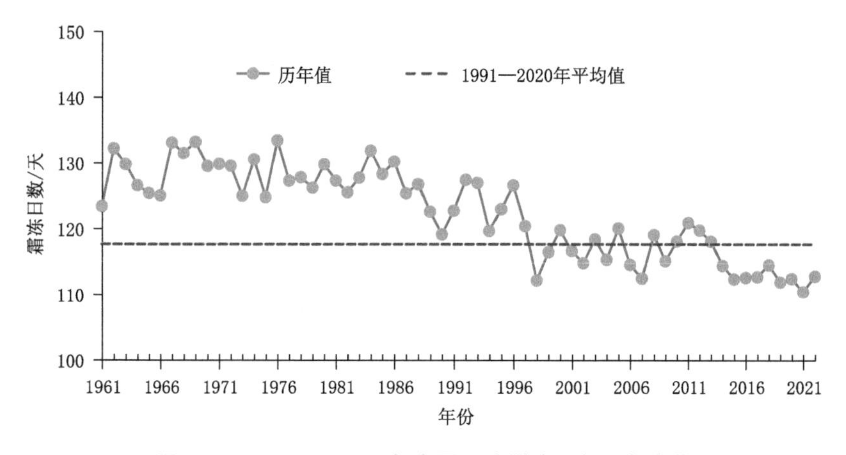

图 2.6.1 1961—2022 年全国平均霜冻日数历年变化

2022 年,全国平均降雪日数为 18.6 天,比 1981—2010 年平均偏少 2.9 天(图 2.6.2)。2022 年,全国降雪日数分布图显示,东北大部、青藏高原大部、西北地区北部和东部、西南

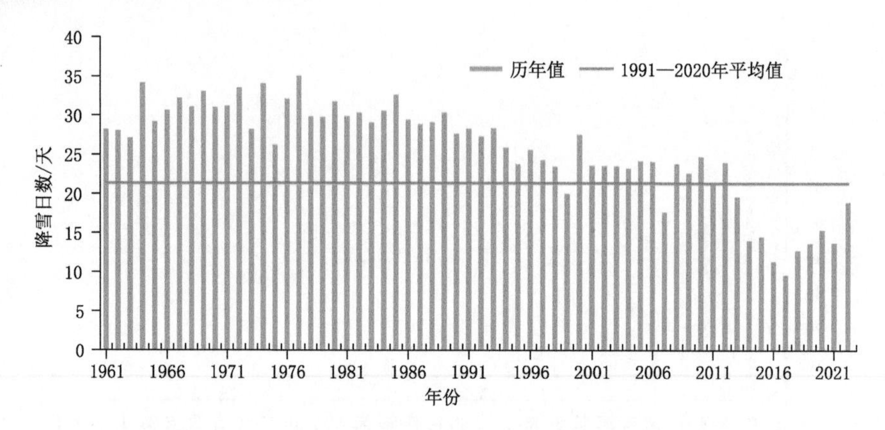

图 2.6.2　1961—2022 年全国平均年降雪日数历年变化

地区北部和东部部分地区、华中和华东部分地区等地降雪日数在 10～60 天，其中西藏北部、青海南部、四川西部、新疆西部和北部、内蒙古东北部和黑龙江北部局地降雪日数达 60～80 天，局部 80 天以上。与常年相比，内蒙古东部部分地区降雪日数偏多 10～20 天，局地偏多 30 天以上，全国其余地区降雪日数接近常年或偏少，其中西藏东部、青海东部和四川西北部、新疆西部和北部、内蒙古东北部等地偏少 10～30 天，西藏东部、青海南部和四川西部部分地区偏少 30 天以上（图 2.6.3）。

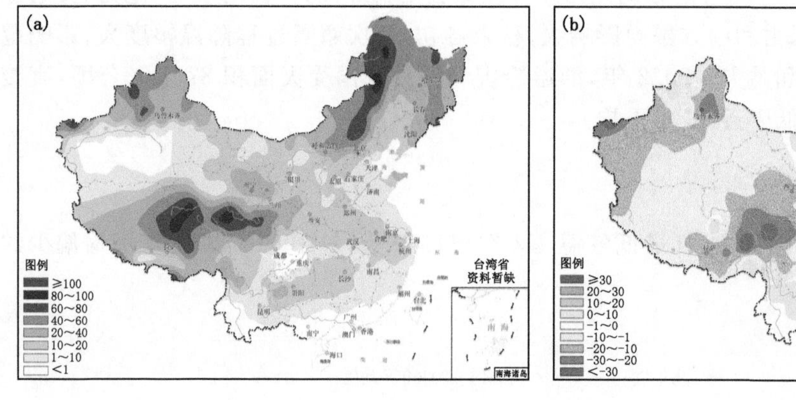

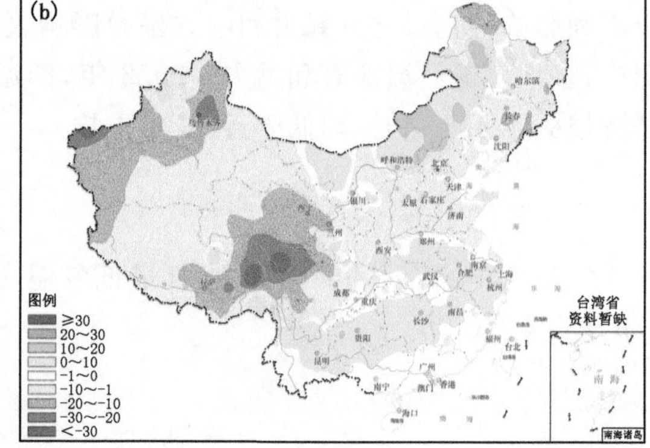

图 2.6.3　2022 年全国降雪日数（a）及距平（b）分布（单位：天）

二、低温冷害和雪灾主要事件及其影响

2022 年，我国共发生 35 次冷空气过程（含寒潮过程 11 次），冷空气和寒潮过程均较常年偏多，其中寒潮过程偏多 6 次。2 月，南方地区出现持续低温雨雪寡照天气，对农业、电力、交通造成不利影响；3 月，中东大部地区出现明显雨雪降温天气；秋末冬初，两次寒潮过程降温幅度大、影响范围广，多地出现低温冷害和雪灾。

1. 2 月南方地区出现持续雨雪低温寡照天气

2 月，我国出现 4 次大范围雨雪天气过程，分别为 1 月 31 日至 2 月 3 日、2 月 5—9 日、11—14 日和 17—23 日。除 11—14 日外，其余 3 次过程主要降雪落区位于长江流域及以南地区。

2月1—23日，南方地区多次出现低温雨雪天气过程，长江以南大部气温较常年同期偏低2～4 ℃，其中广东和广西大部、江西南部、湖南南部、贵州东南部等地偏低4～6 ℃；累积降水量较常年同期偏多5成至2倍以上；浙江、江西南部、湖南南部、贵州中南部、广东、广西和海南大部降水日数较常年同期偏多5～10天，日照时数偏少4～8成，局部偏少8成以上。17—23日，南方大部地区雨雪交加且强度大、持续时间长，浙江大部、安徽南部、福建中部和北部、湖南大部、江西大部、广东东部、广西北部、云南东部、贵州东部等地有10～25毫米的降雪，局部25～50毫米，湘浙桂闽赣黔滇粤8省(区)区域平均过程降水量60.2毫米，为1961年以来历史同期最多，平均过程降雪量14.2毫米，为1961年以来历史同期第二多，仅次于1964年(20.1毫米)。湖南中部、贵州西南部、云南东北部等地部分地区最大积雪深度有5～10厘米，贵州和湖南局部超过20厘米。持续低温雨雪寡照天气对南方地区农作物生长不利，对交通和电力也造成不利影响。

2. 3月出现4次大范围雨雪降温天气过程

3月出现4次大范围雨雪天气过程，分别为3月17—19日、21—23日、25日和31日。其中，3月17—19日，我国中东部大部出现明显雨雪和降温天气，北方以降雪为主，黄淮及其以南为雨夹雪和降雨为主。华北、黄淮、江淮、江汉大部地区日平均气温下降8～12 ℃，最低气温0 ℃线南压至山西中部、河北南部一带。河北尚义日降温(15.6 ℃)达到历史极端阈值，安徽淮南(12.2 ℃)、河北涿鹿(11.8 ℃)、湖北安陆(11.8 ℃)等7个国家级气象站日降温达到或超过极端阈值。17日，内蒙古、山西、河北、北京共有19个国家级气象站达到暴雪及以上级别，其中河北怀安单日降雪量(20.7毫米)超过20毫米；安徽、河南、湖北、江西、四川共66个国家级气象站日降水量达暴雨及以上级别，安徽石台日降水量158.3毫米，超过当季历史极大值。受强雨雪影响，安徽秋浦河殷家汇国家级气象站和黄湓河雁塔国家级气象站出现超警戒水位；安徽石台县多处出现山洪、山体滑坡等现象，多处农作物、道路被淹。同时，北方大部冬小麦处于返青起身期和拔节期，降水利于麦田增墒，对小麦返青起身和拔节生长有利。3月21—23日降雪主要发生在东北地区东部、华北北部以及新疆北部、内蒙古中东部、甘肃大部、青海东部等地，其中新疆北部部分地区累积降雪量超过10毫米；降雨主要发生在江南以及华南中东部地区，其中湖北大部、安徽中南部、江苏南部、浙江、江西北部、湖南东北部、广西中部、广东大部、福建大部累积降水量有25～50毫米，部分地区降水量在50毫米以上。此次降水过程对早稻播种育秧、油菜开花、茶叶采摘、柑橘现蕾开花等有不利影响；部分低洼农田积水导致作物湿渍害。

3. 秋末冬初寒潮过程导致多地剧烈降温

11月26—28日和11月30日至12月1日两次寒潮过程接连影响我国，其中11月30日至12月1日的寒潮过程为2022年最强。受其影响，我国大部剧烈降温并伴有雨雪和大风天气。北方大部、江南大部、华南中部等地出现14 ℃以上降温，局地降温超过18 ℃，新疆小渠子、河北青龙和河北宽城等15个国家级气象站降温幅度达到或超过历史极值。新疆塔城、阿勒泰等地出现暴雪天气，新疆北部普遍出现7级以上大风，风口风力达11～15级，东部和南疆盆地出现沙尘。11月29日至12月1日，陕西、河南、湖北、安徽、江西、浙江、山东等多省出现小到中雪、雨夹雪或雨转雪，安徽南部等局地有大雪，安徽南部、浙江西北部最大积雪深度1～4厘米。湖南南部、江西中南部、浙江南部、福建中北部、广西西南部等地部分地区出现大到暴雨，浙江丽水和温州局地大暴雨；贵州中北部、湖北东南部、湖南中部等局地出现冻雨；福建西部等局地有雷雨大风、冰雹等强对流天气。此次寒潮低温灾害对新疆、内蒙古等地的畜牧业以及多地的设施农业造成一定不利影响。

第七节 高温及其影响

2022年，我国共出现4次区域性高温天气过程，与常年值(4次)持平。夏季，我国高温(日最高气温≥35 ℃)日数为14.3天，比常年同期偏多6.3天，为历史同期最多。我国中东部出现了1961年以来最强高温过程，高温持续时间长、范围广、强度大、极端性强，南方“秋老虎”天气明显。持续高温天气给人体健康、农业生产和电力供应等带来不利影响，浙江、上海等南方多地用电创历史新高，浙江、江苏、四川等地多人确诊热射病。

一、基本特征

2022年夏季，我国高温(日最高气温≥35 ℃)日数为14.3天，比常年同期偏多6.3天，为历史同期最多(图2.7.1)。华东、华中大部、华南大部、西南地区东部及新疆中部至南部、内蒙古西部等地高温日数在10～30天，华东中部及南部、华中中部至南部、华南北部、西南地区东部及新疆中部和东部、内蒙古西部等地的部分地区高温日数超过30天(图2.7.2a)。与常年同期相比，华东大部、华中大部、华南大部及新疆中部至南部、内蒙古西部等地高温日数偏多超过5天，华东中部及南部、华中中部至南部、华南北部、西南地区东部及内蒙古西部部分地区偏多超过10天(图2.7.2b)。福建(38.0天)、贵州(14.9天)、河南(37.7天)、湖北(41.6天)、湖南(45.0天)、江苏(34.1天)、江西(49.6天)、陕西(24.7天)、四川(29.3天)、云南(4.3天)、浙江(48.4天)、重庆(49.9天)夏季高温日数为1961年以来历史同期最多，安徽(41.9天)为历史第二多。

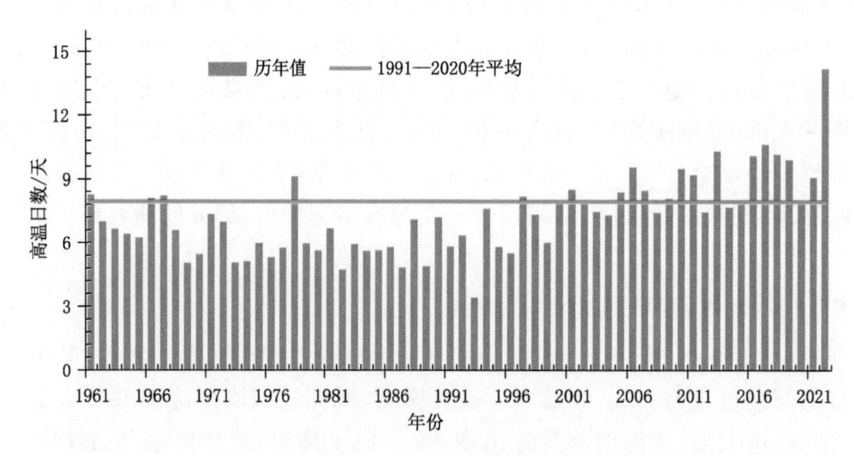

图2.7.1 1961—2022年全国夏季高温日数历年变化

1. 中东部夏季高温持续时间长、范围广、强度大、极端性强

2022年，我国共发生4次区域性高温天气过程，与常年值(4次)持平。其中，6月13日至8月30日，我国中东部地区出现了大范围持续高温天气过程，持续时间长达79天，为1961年

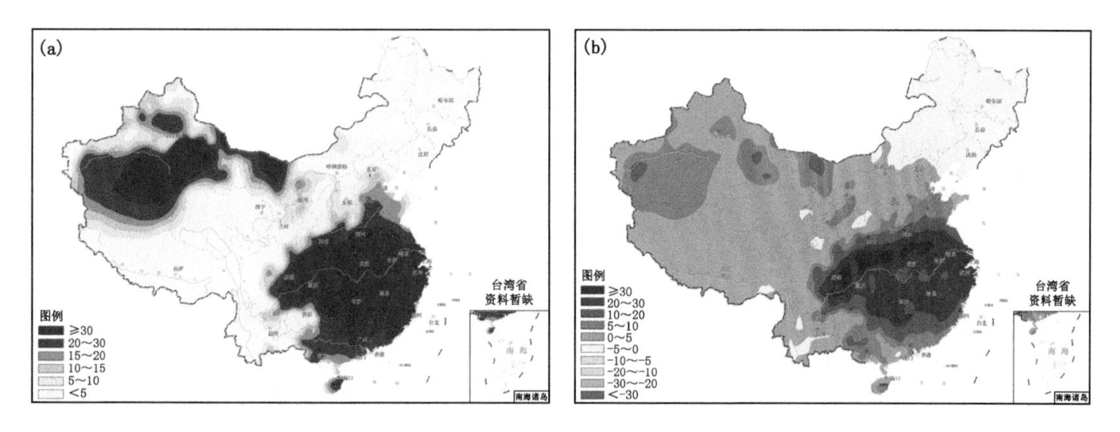

图 2.7.2　2022 年全国夏季高温日数(a)及其距平(b)分布(单位:天)

以来最长。四川盆地、江淮、江汉、江南等地 35 ℃以上高温日数达 30～65 天(图 2.7.3);35 ℃以上覆盖 1692 站(占全国总站数 70%),为 1961 年以来历史第二多;37 ℃以上覆盖 1445 站(占全国总站数 60%),为 1961 年以来最多;有 361 站(占全国总站数 14.9%)日最高气温达到或超过历史极值,重庆北碚连续 2 天日最高气温达 45 ℃。评估结果显示,此次高温过程综合强度为 1961 年有完整气象观测记录以来最强。持续高温天气给人体健康、农业生产和电力供应等带来不利影响,浙江、上海等南方多地用电创历史新高,浙江、江苏、四川等地多人确诊热射病。

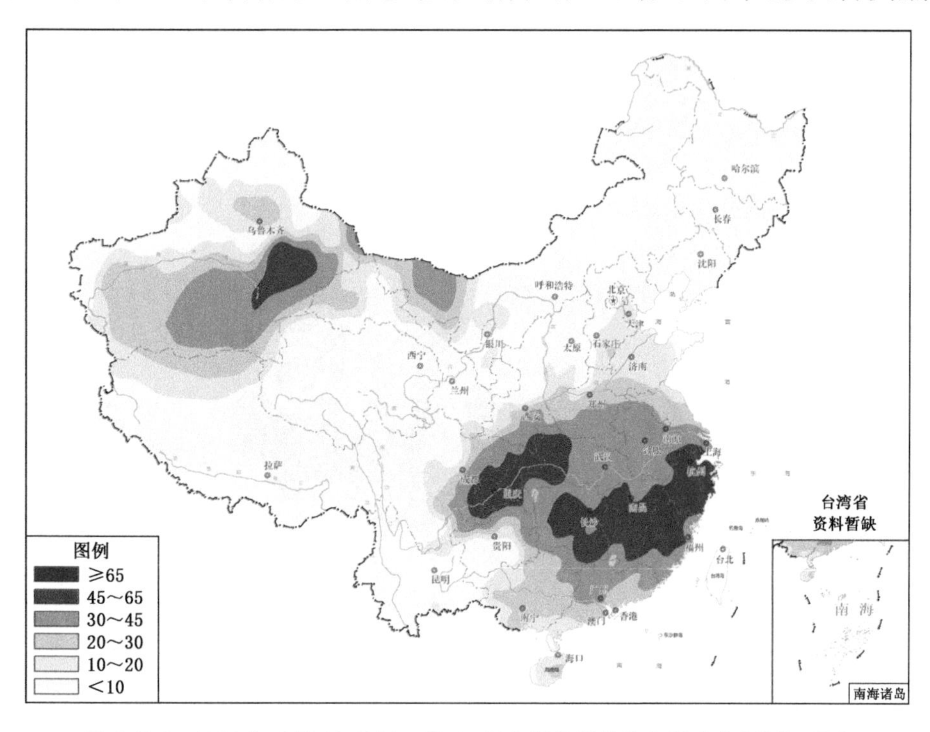

图 2.7.3　2022 年 6 月 13 日至 8 月 30 日全国极端最高气温分布(单位:℃)

2. 高温过程结束时间晚,南方“秋老虎”天气明显

9 月至 10 月上旬,南方出现 3 次区域性高温过程。其中,9 月 27 日至 10 月 4 日,南方出

现1961年以来第二晚高温过程，结束时间较常年(8月30日)偏晚35天。9月5—13日、9月27日至10月4日的高温过程综合强度均达到特强，影响范围内分别有229个和485个国家级气象站日最高气温达到或者超过37 ℃，贵州沿河、安徽青阳分别达到40.3 ℃和40.9 ℃。高温过程增加了供电压力，加剧了长江流域的干旱，加之夏季持续高温少雨，对当地生态系统造成了负面影响。

二、主要过程及其影响

2022年，我国共出现4次较大范围的高温天气过程，具体为：6月13至8月30日、9月5—13日、9月16—20日、9月27日至10月4日。其中6月13日至8月30日高温天气过程的极端性强，持续时间长，影响最为严重，对全国南方多地作物生长和用电负荷产生了不利影响。

1. 高温对人体健康的影响

2022年夏季，中国中东部大部分地区热指数达危险和极端危险的日数在30天以上，其中华北东部、华东北部、华西东部等地有50～70天，华中大部、华东中部至南部、华南大部等地超过70天(图2.7.4)。

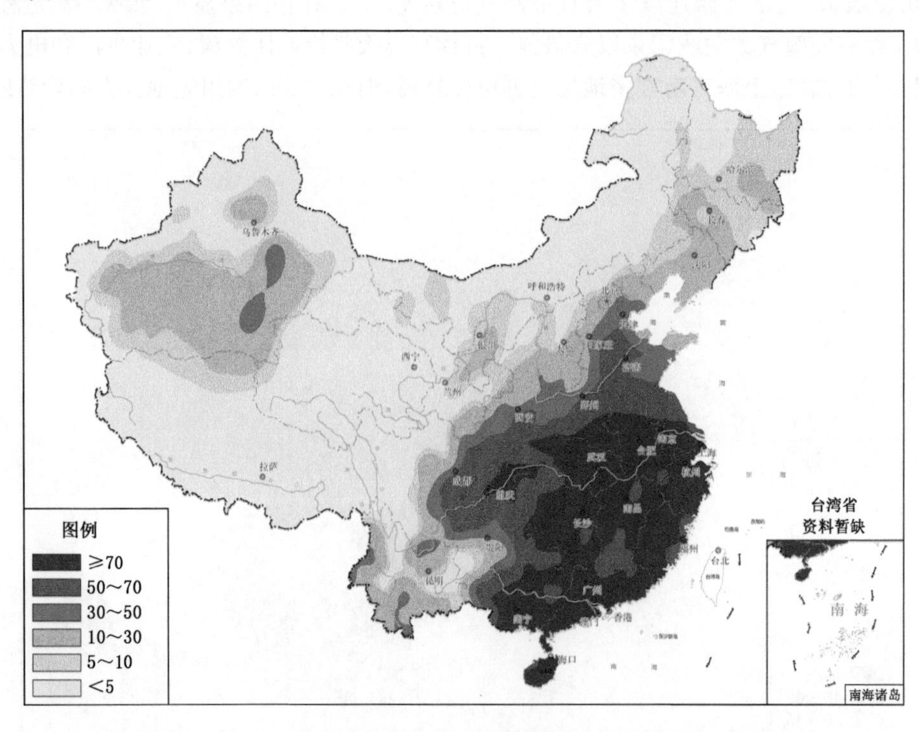

图2.7.4　2022年夏季热指数达到危险和极端危险日数分布(单位：天)

2. 高温对农业的影响

7月以来持续高温给南方部分省份农业带来一定不利影响。其中，7月，江南、华南温高雨少，对早稻充分灌浆和籽粒重提高不利，局地出现“高温逼熟”。8月，长江流域大部地区持续高温干旱，恰逢一季稻抽穗扬花高温敏感期，导致四川、湖北、安徽等地一季稻结实率降低、空秕粒增加，部分地区出现高温逼熟。

3. 高温对能源的影响

2022 年夏季，全国大部地区气温较常年同期偏高，降温耗能相应较常年同期增加。据相关部门统计，2022 年夏季全国用电量为 24295 亿千瓦时，其中 6 月、7 月和 8 月用电量分别为 7451 亿千瓦时、8324 亿千瓦时和 8520 亿千瓦时，分别同比增长 4.7%、6.3%和 10.7%。

第八节 沙尘天气及其影响

2022 年，全国共出现了 10 次沙尘天气过程，8 次出现在春季(3—5 月)。2022 年春季我国北方沙尘过程总次数较 2000—2021 年历史同期平均(10.7 次)偏少；沙尘首发时间较 2000—2021 年平均偏晚，较 2021 年偏晚 16 天；沙尘日数偏少。

一、北方沙尘天气主要特征

2022 年，全国共出现了 10 次沙尘天气过程，8 次出现在春季(3—5 月)(表 2.8.1)。春季的 8 次沙尘过程中，有 1 次沙尘暴和 7 次扬沙天气过程。2022 年春季沙尘天气过程总次数比常年(1991—2020 年)同期(12.5 次)偏少 4.5 次，较 2000—2021 年同期平均(10.7 次)偏少 2.7 次(表 2.8.2)。

表 2.8.1 2022 年全国主要沙尘天气过程纪要表(中央气象台提供)

序号	起止时间	过程类型	主要影响系统	影响范围
1	3 月 3—5 日	扬沙	地面冷锋	内蒙古大部、陕西北部、山西中北部、北京、天津、河北、河南北部、山东大部、江苏北部、辽宁西部、吉林西南部等地出现了扬沙或浮尘天气，内蒙古中部的部分地区出现沙尘暴
2	3 月 13—16 日	沙尘暴	蒙古气旋、地面冷锋	内蒙古中西部、甘肃中东部、青海东部、宁夏、陕西大部、山西、天津南部、河北大部、河南、山东中西部、湖北中东部、安徽中北部等地出现扬沙或浮尘天气，内蒙古中部的部分地区出现沙尘暴
3	4 月 10—12 日	扬沙	蒙古气旋、地面冷锋	内蒙古中西部、新疆东部和南疆盆地、宁夏、甘肃中部、青海东部、陕西中北部、山西、河北西北部、北京、河南中东部等地出现扬沙或浮尘天气，内蒙古西部局地有沙尘暴
4	4 月 19—21 日	扬沙	锋面气旋	新疆、内蒙古中西部和东南部、宁夏、陕西北部、山西中北部、河北西部、吉林中西部、黑龙江中西部、辽宁西北部等地出现扬沙或浮尘天气，其中内蒙古西部出现沙尘暴，局地有强沙尘暴

续表

序号	起止时间	过程类型	主要影响系统	影响范围
5	4月25—27日	扬沙	蒙古气旋、冷锋	内蒙古中西部和东南部、宁夏、甘肃中西部、青海北部、河北西北部、北京、河南北部、辽宁北部、吉林南部、新疆东部和南疆盆地等地有扬沙或浮尘天气，其中内蒙古西部、新疆南疆盆地、柴达木盆地东部等地出现沙尘暴，局地有强沙尘暴
6	5月5—7日	扬沙	蒙古气旋、地面冷锋	新疆南疆盆地、内蒙古中西部、甘肃中西部、宁夏、青海西北部、辽宁北部、吉林西部、黑龙江西南部、河北南部、河南北部、山东西部等地的部分地区出现扬沙或浮尘天气，其中内蒙古西部、甘肃中部、宁夏北部局地出现沙尘暴
7	5月12—14日	扬沙	地面冷锋	新疆东部和南疆盆地、甘肃西部、内蒙古西部等地出现扬沙或浮尘天气，新疆南疆盆地局地有沙尘暴
8	5月23—26日	扬沙	地面低压、地面冷锋	内蒙古西部、甘肃河西、宁夏北部、青海西北部、新疆东部和南疆盆地等地出现扬沙或浮尘天气，内蒙古西部、甘肃西部、新疆南疆盆地有沙尘暴，内蒙古西部局地出现强沙尘暴
9	11月27—29日	扬沙	地面冷锋	新疆东部和南疆盆地、青海北部、甘肃西部和北部、内蒙古中西部、宁夏、陕西中北部、山西北部、河北西北部、北京等地出现扬沙或浮尘天气
10	12月11—13日	扬沙	地面冷锋	内蒙古大部、甘肃西部和北部、青海西北部、宁夏、陕西中北部、山西、河北、北京、天津、山东、黑龙江西南部、吉林、辽宁、新疆南疆盆地等地出现扬沙或浮尘，其中内蒙古中西部出现沙尘暴，局地强沙尘暴

1. 春季沙尘天气过程数偏少

2022年春季(3—5月)，全国共出现8次沙尘天气过程(7次扬沙，1次沙尘暴)，较常年同期(17次)明显偏少，也少于2000—2021年同期平均(10.7次)(表2.8.2)。其中沙尘暴(包括强沙尘暴)过程有1次，较2000—2021年同期平均次数(5.5次)偏少4.5次，较2021年同期偏少3次(图2.8.1)。8次沙尘天气过程中3月出现了2次沙尘天气过程，较2000—2021年同期平均(3.6次)偏少1.6次；4月发生了3次沙尘天气过程，较2000—2021年同期平均(4.2次)偏少1.2次；5月沙尘天气过程数为3次，接近2000—2021年同期平均(2.9次)，具有前少后多的特点(表2.8.2)。

表 2.8.2 2000—2022 年春季(3—5 月)及各月我国沙尘天气过程统计(单位:次)

时间	3 月	4 月	5 月	总计
2000 年	3	8	5	16
2001 年	7	8	3	18
2002 年	6	6	0	12
2003 年	0	4	3	7
2004 年	7	4	4	15
2005 年	1	6	2	9
2006 年	5	7	6	18
2007 年	4	5	6	15
2008 年	4	1	5	10
2009 年	3	3	1	7
2010 年	8	5	3	16
2011 年	3	4	1	8
2012 年	2	6	2	10
2013 年	3	2	1	6
2014 年	2	3	2	7
2015 年	5	3	3	11
2016 年	3	3	2	8
2017 年	2	2	2	6
2018 年	3	5	2	10
2019 年	1	4	5	10
2020 年	4	1	2	7
2021 年	3	2	4	9
2022 年	2	3	3	8
2000—2021 年总计	79	92	64	235
2000—2021 年平均	3.6	4.2	2.9	10.7

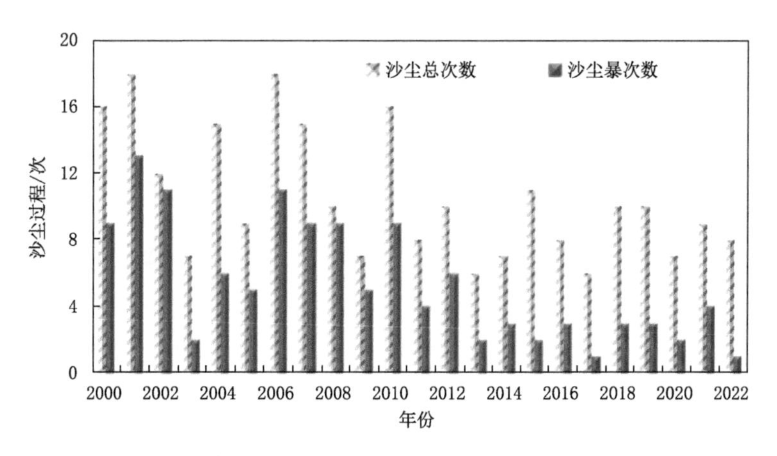

图 2.8.1 2000—2022 年春季全国沙尘天气过程次数及沙尘暴过程次数历年变化

2. 沙尘首发时间较常年偏晚

2022 年,全国首次沙尘天气过程发生在 3 月 3 日,较 2000—2021 年平均首发时间(2 月 15 日)偏晚 16 天,较 2021 年(1 月 10 日)偏晚 52 天(表 2.8.3)。

表 2.8.3 2000—2022 年全国历年沙尘天气最早发生时间

年份	最早发生时间	年份	最早发生时间
2000	1月1日	2011	3月12日
2001	1月1日	2012	3月20日
2002	3月1日	2013	2月24日
2003	1月20日	2014	3月19日
2004	2月3日	2015	2月21日
2005	2月21日	2016	2月18日
2006	2月20日	2017	1月25日
2007	1月26日	2018	2月8日
2008	2月11日	2019	3月19日
2009	2月19日	2020	2月13日
2010	3月8日	2021	1月10日
		2022	3月3日

3. 春季沙尘日数略偏少

2022 年春季，全国北方平均沙尘日数为 3.2 天，较常年（1991—2020 年）同期（3.7 天）偏少 0.5 天，比 2000—2021 年同期（3.5 天）略偏少（图 2.8.2）。平均沙尘暴日数为 0.3 天，分别比常年同期（0.7 天）和 2000—2021 年同期（0.6）偏少 0.4 天和 0.3 天（图 2.8.3）。

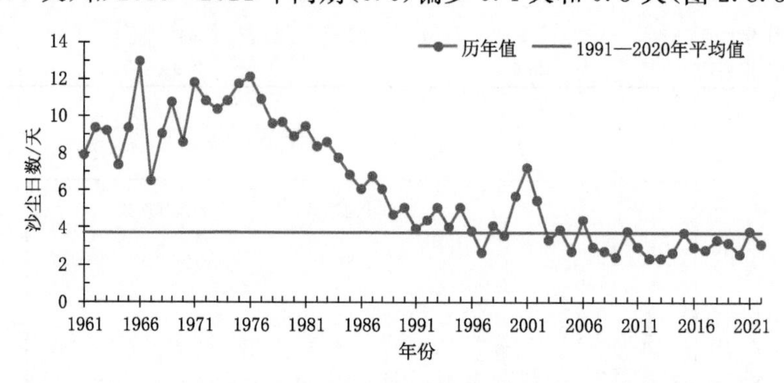

图 2.8.2 1961—2022 年春季（3—5 月）全国北方沙尘（扬沙以上）日数历年变化

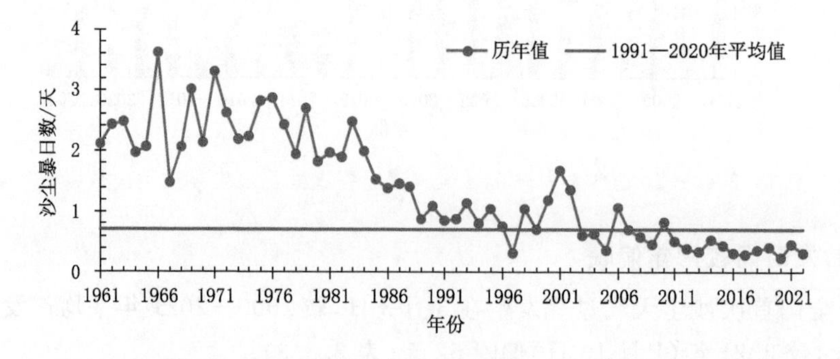

图 2.8.3 1961—2022 年春季（3—5 月）全国北方沙尘暴日数历年变化

从空间分布来看，2022 年春季沙尘天气范围主要集中于西北大部、内蒙古大部、华北大部、东北中西部等地，其中新疆南疆盆地、内蒙古西部沙尘日数超过了 10 天，南疆盆地中部、内蒙古西部的部分地区沙尘天气日数在 20 天以上，局地超过 30 天；东北西部和中部及内蒙古中部、青海大部、甘肃大部、宁夏、陕西北部、山西大部、河北大部等地沙尘日数为 1～10 天（图 2.8.4）。与常年同期相比，新疆西南部和中部、内蒙古中部、陕西西北部及西藏西北部等地偏少 5～10 天，新疆局部地区偏少 10 天以上；而新疆东北部和东南部、内蒙古西部的部分地区偏多 5～10 天，局部地区偏多 10 天以上（图 2.8.5）。

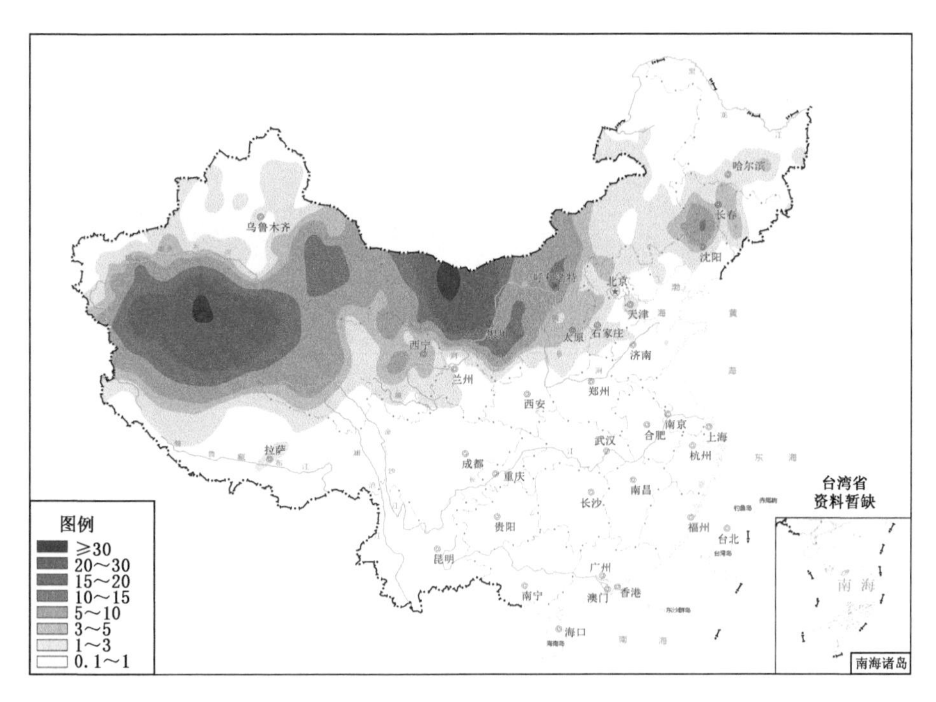

图 2.8.4　2022 年全国春季沙尘日数分布(单位:天)

二、沙尘天气影响

2022 年沙尘天气的影响较轻。3 月 13—16 日的沙尘天气过程是 2022 年强度最强的一次过程。

2022 年 8 次沙尘天气过程中仅有 3 月 13—16 日为沙尘暴天气过程，其余 7 次均为扬沙天气过程。受 3 月 13—16 日沙尘暴天气过程影响，内蒙古中西部、甘肃中东部、青海东部、宁夏、陕西大部、山西、天津南部、河北大部、河南、山东中西部、湖北中东部、安徽中北部等地出现扬沙和浮尘天气，内蒙古中部的部分地区为沙尘暴，过程影响国土面积 81 万千米^2。宁夏全区出现 5 级左右偏北风（5.5～13.8 米/秒），阵风 7～9 级（13.9～24.4 米/秒），贺兰山沿山达 10 级以上，最大阵风风速 36.7 米/秒。内蒙古、甘肃、宁夏、山西、河南、湖北、安徽等地共 88 个城市空气质量先后达到短时严重污染水平，首要污染物均为 PM_{10}；大同等 20 个城市 PM_{10} 小时浓度超过 1000 微克/米^3。

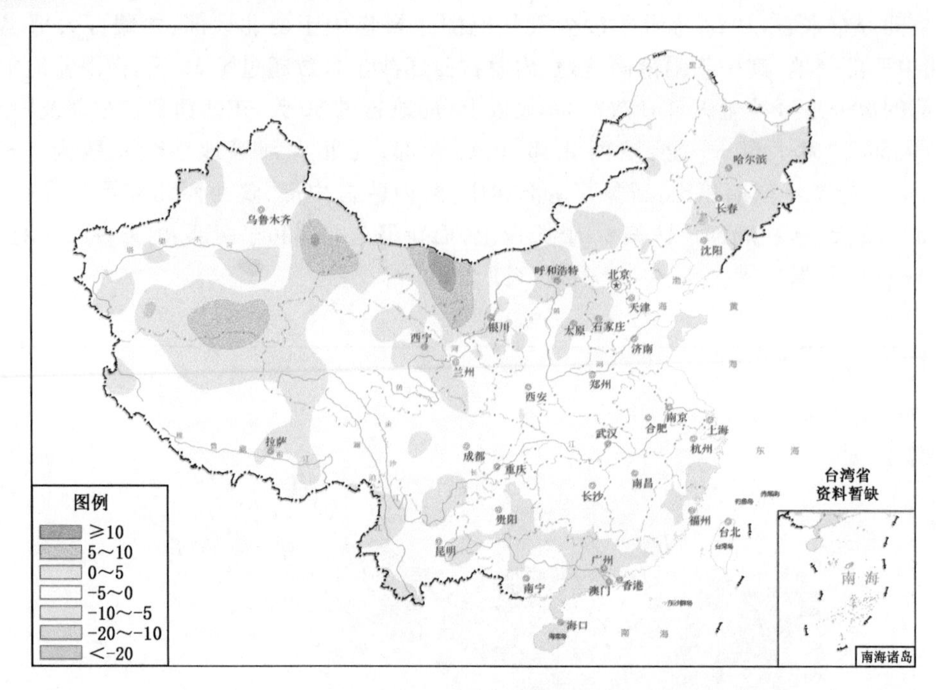

图 2.8.5　2022 年全国春季沙尘日数距平分布(单位:天)

第九节　雾和霾及其影响

2022 年,全国雾主要分布在黄淮中部、江淮中部和东部、江南北部以及内蒙古东北部、黑龙江中北部、吉林东部、福建中部和北部、重庆、四川东部、贵州大部、云南南部、广东西部、广西西北部、新疆北疆等地,霾主要分布在东北中部和北部、黄淮中部和西部、江淮北部以及北京、湖北中部和东部、湖南东北部等地,对交通影响大。

一、雾日分布特点

2022 年,全国的雾主要出现在 100°E 以东地区,中东部地区、西南地区及新疆北部雾日数一般有 10～30 天,黄淮中部、江淮中部和东部、江南北部以及内蒙古东北部、黑龙江中北部、吉林东部、福建中部和北部、重庆、四川东部、贵州大部、云南南部、广东西部、广西西北部、新疆北疆等地在 30 天以上(图 2.9.1)。

2022 年,全国 100°E 以东地区平均雾日数 22.7 天,较常年同期偏多 1.8 天(图 2.9.2)。2022 年全国雾多发月份为 1 月和 11 月,分别占全年雾日数的 13.8%和 12.7%(图 2.9.3)。

二、霾日分布特点

2022 年,全国的霾主要出现在 100°E 以东地区,东北中部和北部、黄淮中部和西部、江淮北部以及北京、湖北中部和东部、湖南东北部等地超过 30 天,其中北京、吉林等地霾日数超过 50 天,局地超过 70 天(图 2.9.4)。

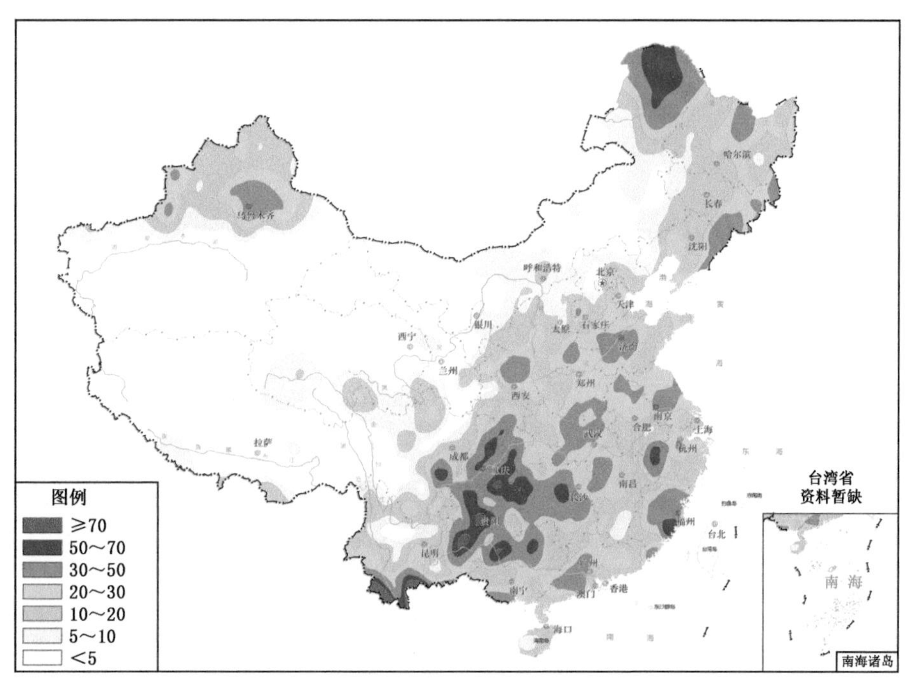

图 2.9.1　2022 年全国雾日数分布(单位:天)

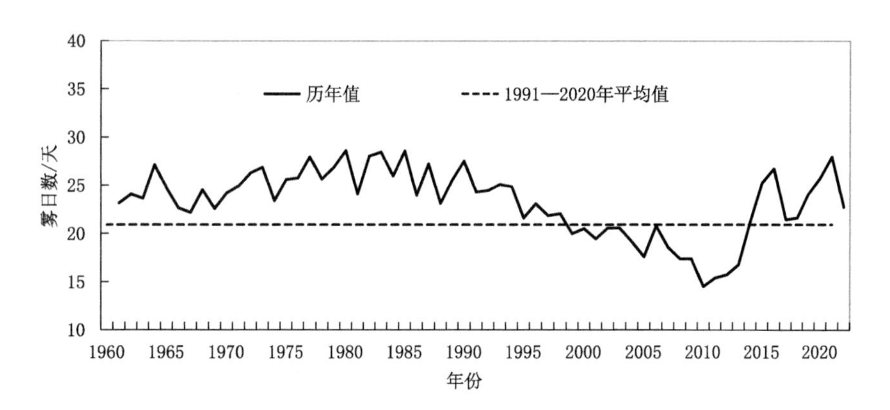

图 2.9.2　1961—2022 年全国 100°E 以东地区年平均雾日数历年变化

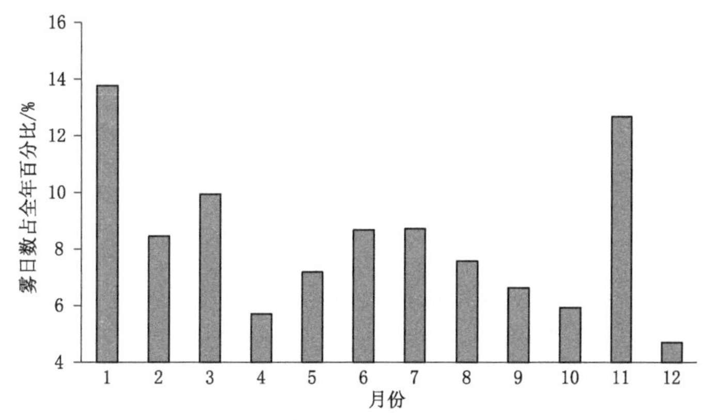

图 2.9.3　2022 年全国 100°E 以东地区各月雾日数占全年的百分比

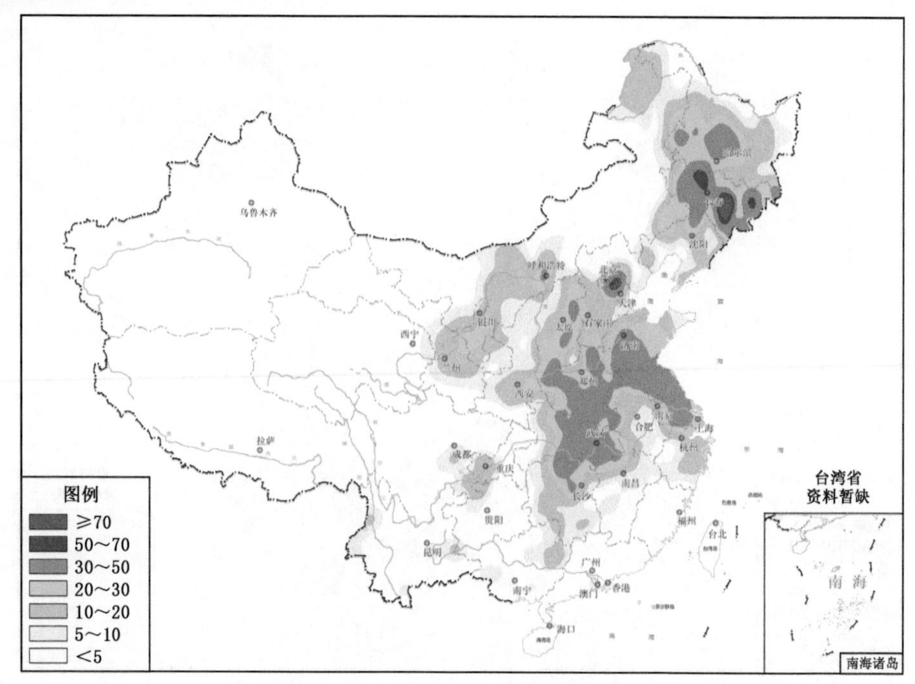

图 2.9.4 2022 年全国霾日数分布(单位:天)

2022 年,全国 100°E 以东地区平均霾日数 11.9 天,较常年同期偏少 3.3 天(图 2.9.5)。2022 年全国霾多发月份为 1 月和 12 月,分别占全年霾日数的 34.4%和 17.8%(图 2.9.6)。

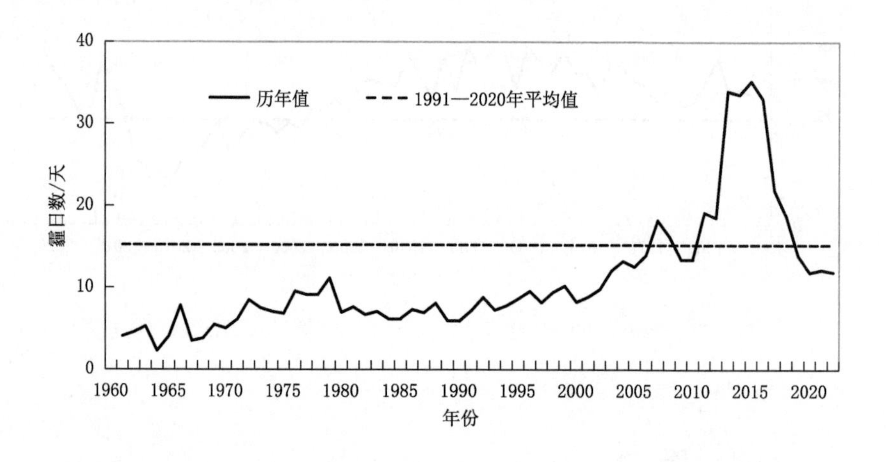

图 2.9.5 1961—2022 年全国 100°E 以东地区平均年霾日数历年变化

三、雾和霾的影响

1 月,全国多地因雾天气造成道路封闭。1 月 2 日,受大雾影响,湖南长沙、株洲、湘潭、衡阳、邵阳、娄底、岳阳、永州、常德辖区出现雾,省内 19 条高速公路通行受到影响,124 个收费站采取了车辆临时交通管制措施。1 月 9 日,受大雾影响,郑州机场能见度最低约 100 米,部分进出港航班受此影响出现延误;京港澳高速公路、连霍高速公路、大广高速公路、沪陕高速公路

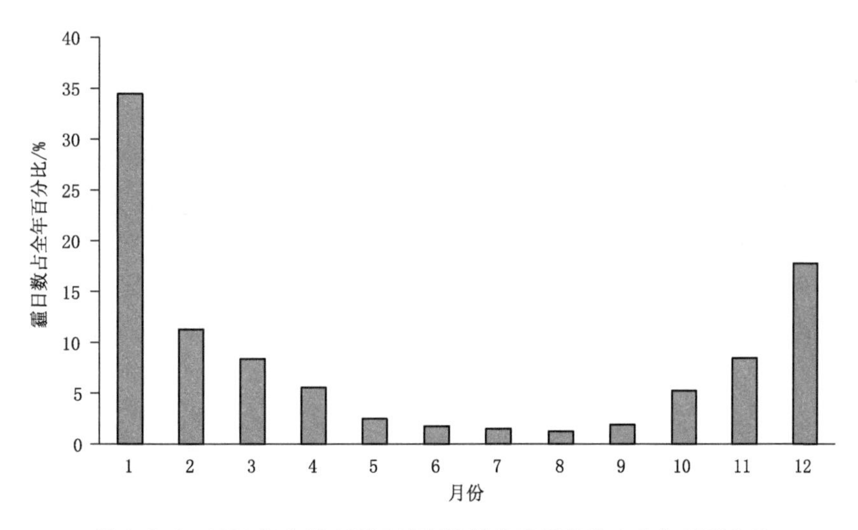

图 2.9.6 2022 年全国 100°E 以东地区各月霾日数占全年的百分比

等 26 条高速公路 28 个路段禁止车辆上站；四川省内成都绕城、绵遂、成德南、成灌、成资渝、成彭、天府机场、成自泸成仁、成渝、成乐等高速公路全线入口关闭。1 月 11—12 日，湖南益阳、常德、邵阳、张家界等地 28 条高速公路受到大雾影响，203 个收费站采取了车辆临时交通管制措施；19—20 日，湖南岳阳、益阳、湘潭、常德、株洲等地 16 条高速公路受到大雾影响，69 个收费站采取了车辆临时交通管制措施。1 月 16—20 日，江西全省连续 5 天出现区域性的大雾天气，其中 19 日全省出现大雾 32 站，抚州、宜春、新余三市的部分地区出现能见度小于 200 米的浓雾，对交通出行造成影响，省内 62 个高速公路收费站入口临时封闭。1 月 18 日，四川盆地东北部和南部出现大雾天气，营达、叙威、宜威、宜彝、广安绕城、乐自、乐山绕城和泸荣等 8 条高速公路全线关闭。1 月 22—23 日，受降雪结冰及大雾影响，河北、山西、山东、河南、湖北、陕西、甘肃、新疆境内 90 多条高速公路，共计 100 多个路段公路封闭，其中河北 15 条高速公路 17 个路段、山西 22 条高速公路 40 个路段、山东 6 条高速公路 7 个路段、河南 37 条高速公路 37 个路段、湖北 3 条高速公路 3 个路段、陕西 14 条高速公路 15 个路段、甘肃 8 条高速公路 9 个路段、新疆 1 条高速公路 1 个路段封闭。1 月 25 日，郑州迎来罕见大雾，郑州市区、中牟、新郑、航空港区及巩义出现能见度小于 500 米的雾，局地能见度小于 200 米，受大雾的影响，郑州机场部分航班出现延误，多条高速公路采取管制措施。1 月 28—29 日，G241 线广西全州县爱鸟界至洛江路段出现大雾，能见度低，路面有积雪结冰，当地交管部门于 29 日 12 时 40 分对该路段实施交通管制；1 月 31 日，S301 线广西全州县南洞至天湖路段因浓雾和路面结冰封闭，S301 线资源县咸水口村至天湖界路段因路面结冰封闭，车辆通行受阻。

11 月，河南、湖北、湖南等地出现大雾天气，对交通有影响。11 月 14 日，河南大部分地区出现了大雾天气，省内濮阳、鹤壁、焦作等地能见度小于 200 米，局地能见度小于 50 米，受大雾影响，河南省内多条高速公路实施临时交通管制，禁止车辆上路通行，受管制的路段涉及 24 条高速公路。11 月下半月，湖南省内多条高速公路路段因大雾能见度低，实行交通管制。11 月 26 日，受大雾天气影响，湖北高速公路交警启动大雾应急预案，沪渝高速公路鄂州段、武鄂高速公路、福银高速公路黄梅段、大广高速公路、杭瑞高速公路黄石、咸宁段的部分高速公路收费站采取临时交通管制措施。全省 33 条高速公路线路部分路段入口关闭，G50 沪渝高速公路 2

处路段现场行车中断。

12月，河南、山东等地出现大雾天气，对交通有影响。12月6—7日，河南京广线以东和南阳的部分县(市)出现能见度低于1000米的雾，其中濮阳、南阳、周口、商丘、开封等地部分县(市)出现能见度低于500米的浓雾，局地能见度低于200米，最低能见度南乐54米。受大雾天气影响，驻马店、开封、许昌辖区部分高速公路实行临时交通管制。12月9—10日，受大雾天气影响，山东济南、青岛等12市辖区部分高速公路入口临时封闭或管控。12月27—28日，受大雾天气影响，山东淄博、济南、德州等辖区部分高速公路入口临时封闭。12月30日，受团雾和路面湿滑影响，S125线江苏高邮湖特大桥发生车辆追尾事故，造成10余辆车不同程度受损，1人轻伤。

第十节　2022年全球气候事件概述

一、暴雨洪涝

亚洲地区：6—8月，巴基斯坦频繁遭遇强降水袭击。巴基斯坦全国平均降水量6月偏多68%，7月偏多180%，8月偏多243%，其中7月和8月降水量均为1961年以来历史同期最多。信德省受灾尤其严重，8月降水量高达1228.5毫米，最大日降水量达355毫米，均创下月和日降水量最高纪录。持续强降水导致巴基斯坦约三分之一国土被淹没，超3300万人受影响，近1700人死亡；主要农作物棉花有45%被洪水冲毁，水果、蔬菜和大米等也遭受巨大损失，食品价格上涨了29%，据估计，洪涝灾害造成的经济损失近700亿人民币。8月7—11日，韩国首都圈遭遇极端暴雨事件，具有持续时间长、短时降雨强、累积雨量大等特点。8日，首尔市韩国气象厅附近1小时最大雨量达141.5毫米、3小时最大雨量达259.0毫米、6小时最大雨量达303.5毫米，短时降水极强。首尔市8日降水量超过380毫米，不仅超过常年8月降水量，还突破日降水量历史极值，为近百年来最大。极端暴雨引发严重内涝，不少城市出现积水，地铁站、地下设施进水严重，大量车辆被淹，一些地区出现山体滑坡，累积造成10余人死亡，超过7000人被迫撤离家园。印度和孟加拉国在季风季节的不同阶段也发生了严重的洪水，印度东北部有600多人死于洪水和山体滑坡，另有900人死于雷暴灾害。

欧洲地区：9月15—16日，意大利中北部连降暴雨，马尔凯地区几小时的降水量就达到常年年降水量的一半，暴雨导致山洪暴发，造成至少10人死亡。

大洋洲地区：澳大利亚年降水量比1961—1990年平均高25%，澳大利亚东南部地区的降水量远高于气候均值，持续降雨导致大面积洪水泛滥，全年多次发生暴雨洪涝灾害事件。2月下旬至3月，澳大利亚东部发生多场洪水，造成22人死亡，数十万人紧急转移，近千所学校因洪水被迫关闭，随后的供应链危机导致东部地区食品短缺，澳大利亚总理于3月9日宣布该国进入国家紧急状态。据澳大利亚保险委员会估计，此次洪灾是历史上最为昂贵的自然灾害，保险公司支付了价值超过35亿澳元的索赔。8月17—20日，新西兰西部和北部地区连续3天遭遇特大暴雨袭击，其中尼尔森地区4天降水量达到701毫米，超过了当地冬季平均降水量，暴雨引发道路、学校关闭及滑坡；新西兰3个地区17日宣布进入紧急状态，约233户家庭紧急疏散。

美洲地区：由于拉尼娜现象导致的异常降雨分布，南美洲北部陆续发生暴雨洪涝灾害，巴西1—5月发生4次重大暴雨洪涝灾害事件。2021年12月底至2022年1月初，巴西东北部巴伊亚州遭遇连续强降雨，引发的洪水和山体滑坡导致数十人丧生，数万人流离失所；1月下旬，巴西东南部圣保罗州至少有18人死于洪水；2月15日，巴西里约热内卢的彼得罗波利斯市3小时降水量达到258毫米，导致山洪暴发和山体滑坡，造成231人死亡，这是彼得罗波利斯有记录以来最严重的山体滑坡灾害；5月下旬，巴西东北部遭遇持续强降雨天气，其中伯南布哥州部分地区在27日晚至29日上午的降水量达到了常年5月总降水量的70%，持续强降雨引发洪涝和滑坡等次生灾害，导致该州上百人死亡。

非洲地区：4月，亚热带低压与切断低压系统相结合，造成南非东部夸祖鲁-纳塔尔地区的特大洪水，11—12日的24小时降水量高达311毫米，超过400人死于洪水、4万人流离失所，此次洪灾造成交通、建筑和水利基础设施损毁严重，影响了农产品储存、加工、运输以及市场消费。6—10月，尼日利亚遭遇十年来最严重洪涝灾害，该国大部分地区7—9月的降水量达250～400毫米，远超气候均值，洪灾造成超过600人死亡，140万人流离失所，8.2万栋住宅和大约11万公顷农田被毁。

二、高温热浪、干旱和山火

亚洲地区：4月下旬至5月上旬，南亚高压系统给印度和巴基斯坦带来异常高温，多个地区创下了新的最高和最低气温记录。据巴基斯坦气象部门观测，4月30日信德省雅各布巴德的气温飙升至49.0 ℃，比2018年创下最高纪录还高1.0 ℃；卡拉奇机场的最低气温为29.4 ℃，也是该地区的新纪录。6月，日本经历了自1875年有记录以来最严重的连续高温天气，6月25日群马县伊势崎市最高气温达到40.1 ℃，刷新了6月日本最高气温新纪录，同时也是日本6月最高气温首次达到40.0 ℃。6月13日至8月30日，中国中东部地区出现了大范围持续高温天气过程。此次高温事件持续79天，为1961年以来中国区域性高温过程持续时间最长；35 ℃以上覆盖1692站（占全国总站数70%），为1961年以来历史第二多；37 ℃以上覆盖1445站（占全国总站数60%），为1961年以来最多；有361站（占全国总站数14.9%）日最高气温达到或超过历史极值，重庆北碚连续2天日最高气温达45 ℃。高温少雨导致中国长江流域气象干旱快速发展。8月18日至11月16日，中央气象台和国家气候中心联合发布气象干旱黄色、橙色气象干旱预警。此次干旱过程影响遍及川渝至长江中下游地区，其过程强度、最大范围、单日最大强度和范围以及重旱、特旱站数比例等指标均为历史第一强（多）。持续高温干旱对中国长江流域及其以南地区农业生产、水资源供给、能源供应、生态系统平衡及人体健康产生较大影响。

欧洲地区：5—8月出现持续性极端高温天气，欧洲经历了有记录以来最热的夏季（6—8月）。法国、葡萄牙和西班牙经历了有记录以来最热的5月；6月，高温继续席卷欧洲多个地区，整个欧洲经历了有记录以来第二热的6月；7月，高温热浪从西班牙和葡萄牙开始，进一步向北和向东蔓延至法国、英国、中欧和北欧，英国于7月19日在林肯郡的康宁斯比创下了40.3 ℃的全国日最高气温纪录，这是该国有史以来首次记录超过40 ℃的气温；8月，欧洲大部分地区气温仍高于平均水平。夏季高温热浪造成欧盟超半数地区处于干旱“预警”状态。旱情导致欧洲部分国家的水库蓄水量以及河流水位大幅下降，西班牙全国水库蓄水量降至37.9%，创下1995年以来历史新低；德国莱茵河的水位急剧下降，流量严重不足，已严重影响到正常航运。同时，旱情还导致野火蔓延，严重破坏生态系统。2022年1月至8月中旬，欧盟已有超过74万公顷森林被烧毁，创2006年以来的同期新高。仅西班牙2022年的森林大火过火面积就已经超过2018年至2021年的总和。持续干旱还威胁着欧洲能源供应，欧洲2022年1—7月水力发电量比2021年同期减少两成，核能发电量减少12%。

北美地区：4月开始席卷南部平原的热浪一直持续到夏季，美国得克萨斯州经历了有记录以来最温暖的4—7月。美国夏季(6—8月)的平均气温为23.3 ℃，是有记录以来第三热的夏季。9月的第一周，一股热浪席卷了美国西部，截至9月9日，多个高温纪录被打破。10月16日，历史性的同期热浪席卷美国西北部地区和加拿大西南部地区，带来夏季般的高温，打破多项日高温纪录。俄勒冈州波特兰市有12天达到至少26.7 ℃，是之前10月记录的两倍。持续的高温导致美国中西部发生严重干旱，加州至少97%的土地面积处于严重干旱状态。干旱导致多地山火频发，发生频数和烧毁面积都远高于过去十年平均。干旱还导致农作物产量严重减产，其中棉花减产4成以上。受高温干旱影响，作为美国农产品运输主要航道的密西西比河水位达十年来最低，部分驳船通道关闭。

非洲地区：北非地区和东非大部分地区在过去3～4年里一直处于干旱状态。2022年，东非经历了连续第4年干旱的雨季，导致多国遭遇40年来最严重干旱。干旱导致粮食歉收甚至绝收，埃塞俄比亚、索马里和肯尼亚的2300多万人面临严重饥荒。

三、热带气旋

2022年，除南印度洋外，大多数地区的热带气旋活动接近或低于平均水平，尽管南印度洋的开始时间异常晚，但整个季节都很活跃。

北大西洋：9月中下旬，飓风“菲奥娜”带来的大规模降水引发洪灾，导致美国海外属地波多黎各全境断电，飓风“菲奥娜”于9月24日在加拿大新斯科舍省登陆，造成当地2人死亡、大面积断电，成为加拿大近20年以来最强、损失最惨重的飓风。9月27日，三级飓风“伊恩”在古巴西部登陆，离境古巴后于28日增强为四级飓风，并以接近四级飓风上限的强度(67米/秒)登陆美国佛罗里达州西南部，造成美国数百万人断电和百余人死亡，成为美国有记录以来损失第三惨重的飓风，仅次于飓风“卡特里娜”和飓风“哈维”。仅数周后，11月10日，飓风“妮可”在佛罗里达州东部登陆，并带来大规模降水，引发洪涝，飓风“妮可”是1985年以来11月首次登陆佛罗里达州的飓风。

东太平洋：5月30日，飓风“阿加莎”在墨西哥瓦哈卡州登陆，造成当地11人死亡，超过4万人受到影响，这是自1949年有记录以来5月袭击墨西哥沿岸最强的太平洋飓风。10月9日，飓风“茱莉亚”袭击尼加拉瓜中部加勒比海岸，给中美洲带来了暴雨，并在多国引发洪涝和山体滑坡等灾害，造成近百人遇难。10月，飓风“奥琳”和“罗斯林”在墨西哥海岸的同一地区登陆，相隔仅3周，其中，飓风“罗斯林”是2015年以来登陆墨西哥的最强东太平洋飓风。

西太平洋：4月10日，台风“鲇鱼”在菲律宾中部萨马省登陆，其强度弱、生命周期短、但致灾严重，造成菲律宾224人死亡，超过200万人受灾。9月6日，台风“轩岚诺”在韩国南部庆尚南道南岸登陆，是韩国历史上最强的台风之一。台风“轩岚诺”过境韩国时造成11人死亡，同时导致日本九州地区超3.5万户居民停电。9月18日，台风“南玛都”登陆日本九州岛指宿市沿海，登陆时中心附近最大风力为14级(45米/秒)，造成当地约34万户居民停电，航班大面积取消，公路铁路交通停驶。台风“奥鹿”在9月25日和28日分别登陆菲律宾和越南，给菲律宾以及东南亚造成了严重破坏，尤其是农业损失超过了3.6亿元。10月29日，台风“尼格”

袭击菲律宾，造成160多人死亡；随后台风“尼格”于30日穿越菲律宾吕宋并移入我国南海，不但令中国香港、澳门两地发出半个世纪以来首个于11月生效的八号热带气旋警告，更是继1954年后首个于11月正面吹袭港澳两地的热带气旋。

南半球：马达加斯加受到前所未有的6场热带气旋影响，其中影响最大的是热带气旋“巴齐雷”，造成了大范围的风灾和洪涝，导致89人死亡。澳大利亚和西南太平洋地区的热带气旋活跃程度低于历史平均水平，其中西南太平洋是自2008/2009年以来首次未出现大型气旋。

四、寒潮和暴风雪

1月2—7日，冬季风暴从美国中部横扫到大西洋沿岸的大片地区。根据监测，阵风的最高速度达到每小时56千米，能见度近乎为零；马里兰、弗吉尼亚、佐治亚、田纳西和南卡罗莱纳等州积雪深度超过25厘米。此次暴风雪天气造成马里兰、弗吉尼亚、佐治亚、田纳西和南北卡罗莱纳等37个州超过9000万人受到影响，90万户家庭遭遇停电；受暴风雪天气影响，美国东部多州出现交通严重堵塞，交通事故频发，数百辆汽车被困95号州际公路长达一夜时间，超过6500架次国内外进出美国航班因暴风雪取消，多个联邦政府部门临时关闭。

2月18—19日，强风暴“尤尼斯”袭击西欧等地多个国家，英国南部、英吉利海峡、北海南部、西欧及中欧北部沿海等地普遍出现8级以上大风，英国南部、英吉利海峡等地阵风超过10～12级。英国怀特岛的尼德尔斯观测到最大阵风达到16级(54.4米/秒)，创英格兰有史以来最大阵风记录。此次事件严重影响了铁路、航空、航运系统；造成欧洲多国电网破坏，数以百万计的家庭和企业断电；同时导致至少16人死亡，大量房屋建筑受损。

12月17—18日，莫斯科出现特大暴雪，降雪量达到莫斯科12月平均总降雪量的三分之一；积雪深度达38厘米，创当地同期最高纪录。过于凶猛的暴雪给社会生活带来了不利影响：12月18日，莫斯科各机场约56个航班延误或取消，多条道路因积雪出行受阻；莫斯科部分地区人行道被大雪覆盖，路面出现结冰，公共交通受到影响。

12月下旬，“史诗级寒潮”席卷美国。23日，美国中西部局部地区最低气温降至—40 ℃以下，费城遭遇近20年来最寒冷的圣诞节，美国和墨西哥边境城市埃尔帕索的气温降至—10 ℃以下，佛罗里达州气温也几乎低于冰点，全美大约2.4亿人收到极寒天气预警。恶劣天气导致美国多地建筑损毁、树木倒塌、道路阻断，大量航班被取消或延误，数十万户居民停电，以及自来水水管冻裂带来用水影响。

五、强对流

北美地区：2022年，美国记录了1329次龙卷过程，高于1991—2020年美国年平均1225次龙卷。2022年美国龙卷最多的月份是3月、4月、5月、6月和11月，每个月都报告了100余次龙卷过程，其中3月的影响最为严重。3月5—6日，美国中西部出现55场龙卷过程，其中爱荷华州遭遇一场ET4级(267～322千米/小时)龙卷袭击，造成6人死亡和5人受伤；3月21—22日，美国中南部和南部多州暴发108次龙卷，其中新奥尔良市遭遇了有记录以来的最强龙卷过程，大量建筑物被摧毁，造成2人死亡和多人受伤；3月30日，美国东南部又暴发83场龙卷，其中佛罗里达州华盛顿县最大风速达67米/秒，当地房屋、车辆和基础设施被严重破坏，造成2人死亡。

亚洲地区：2022年中国共记录到25次龙卷过程，包括中等强度以上龙卷11次，强龙卷6

次，与前 3 年平均值持平。5 月 14 日，黑龙江五常市遭遇短时大风袭击，判定为弱到中等强度的龙卷；7 月台风“暹芭”影响期间，广东省记录到 5 个龙卷发生；7 月 20 日和 22 日，黄淮、江淮等地出现两次大范围强对流过程，极端性为入汛以来最强，江苏北部、河南东部先后出现 5 个龙卷。据印度政府公布数据，2022 年印度经历 240 场强对流天气过程，超过 111 次雷击事件发生，造成 907 人死亡，为近 3 年来最高水平。7 月下旬，印度北方邦一周内 49 人因雷击死亡。

第三章 气候对行业影响评估

第一节 气候对农业的影响

2022年,我国主要粮食作物生长期间气候条件总体较为适宜,利于农业生产。冬小麦和夏玉米全生育期内,光温水等条件总体匹配,墒情适宜,气候条件较好。早稻生育期内,产区大部热量充足,部分产区遭受强降水影响,灌浆成熟期局地出现“高温逼熟”。晚稻、一季稻产区气象条件总体较好,但部分地区遭受高温少雨天气和台风灾害影响,不利于农业生产。

一、气候对水稻的影响

(一)早稻

1. 农业气候条件评估

2022年早稻生长季内(2—7月),主产区江南大部≥10 ℃有效积温较常年同期偏多,华南地区大部较常年同期偏少(图3.1.1a);江南大部降水量较常年同期偏少2~5成,其他地区接近常年或偏多(图3.1.1b);日照时数较常年同期偏少。

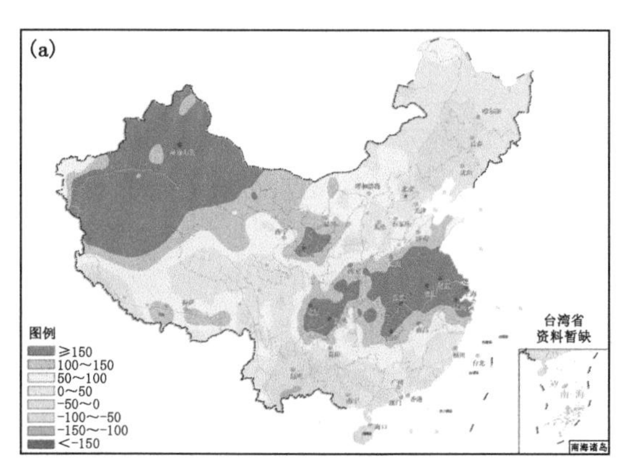

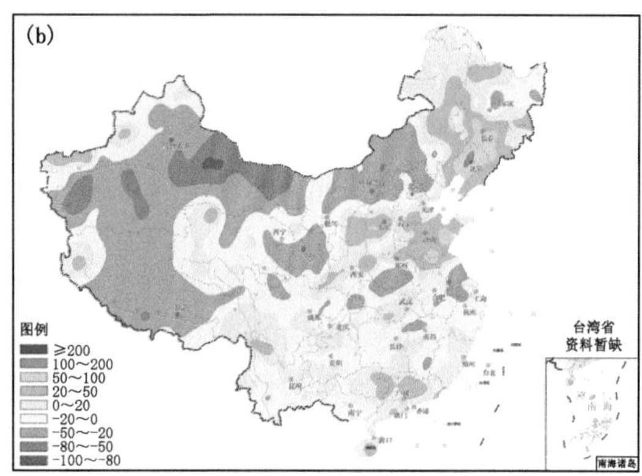

图3.1.1 早稻生长季(2022年2—7月)≥10 ℃有效积温距平(a,单位:℃·日)及降水量距平百分率(b,单位:%)

2. 农业气象灾害评估

早稻生育期内,江南、华南早稻产区大部热量适宜,部分产区遭受强降水影响,灌浆成熟期局地出现“高温逼熟”。3月,江南、华南早稻主产区光热充足,利于早稻播种育秧及秧苗生长,中下旬出现两次降温天气过程,对播种育秧略有影响。4月,光温水等条件总体匹配,利于播种育秧和秧苗生长。5 月，早稻产区出现低温阴雨天气，对早稻分蘖不利，广西、广东的强降水导致局部稻田被淹。6 月，早稻产区大部多雨寡照，部分产区频繁出现强降水天气过程，部分稻田被淹、处于抽穗扬花期的早稻遭受"雨洗禾花"，对提高结实率和产量形成不利。7 月，江南、华南高温少雨，对早稻充分灌浆和籽粒重提高不利，局地出现"高温逼熟"。

(二)晚稻

1. 农业气候条件评估

2022 年晚稻生育期内(6—11 月)，主产区(江南、华南)大部≥10 ℃有效积温比常年同期偏多 150 ℃·日以上(图 3.1.2a)；主产区大部降水量较常年同期偏少，其中江南南部偏少 5～8 成(图 3.1.2b)；产区大部日照时数偏少。

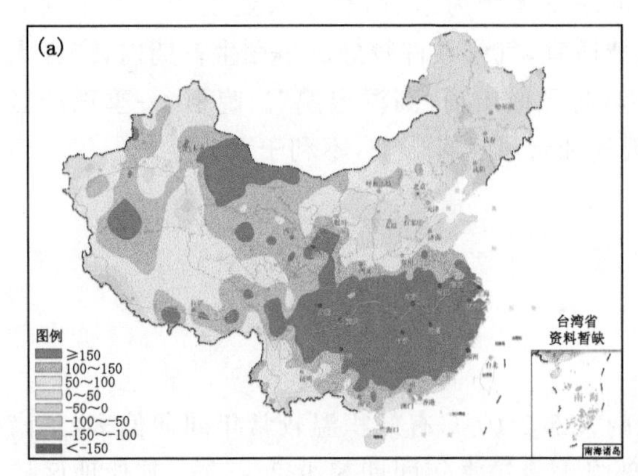

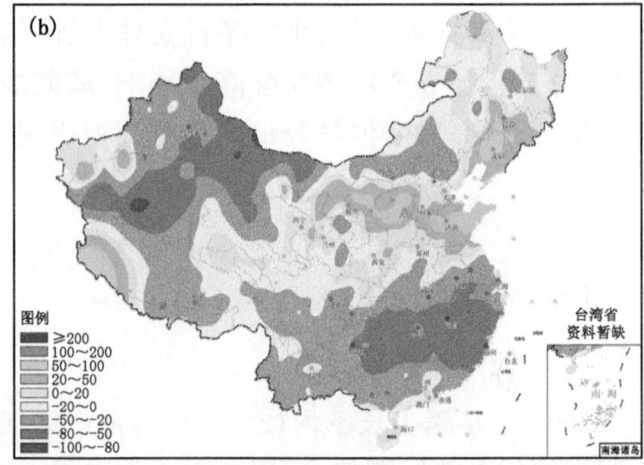

图 3.1.2 晚稻生长季(2022 年 6—11 月)≥10 ℃有效积温距平(a,单位:℃·日)及降水量距平百分率(b,单位:%)

2. 农业气象灾害评估

晚稻生育期内，主产区气象条件总体较好，但部分地区遭受高温干旱天气和台风灾害影响，不利于晚稻生长发育及产量形成。晚稻播栽期间光热条件良好，大部稻田蓄水充足，晚稻播种育秧及移栽顺利。7—8 月，江南和华南产区出现持续高温干旱天气，不利于晚稻返青分蘖和拔节孕穗，灌溉不足地区晚稻秧苗长势弱、分蘖减少。9 月，华南中西部、江南东部、江汉等地陆续出现较明显降水，利于补充农业蓄水及晚稻生长发育；但江西、湖南等地降水仍偏少、旱情持续，灌溉不足地段的晚稻生长发育受阻。另外，8—9 月，受台风"木兰"和"马鞍"影响，广东部分地区出现暴雨或大暴雨，局部晚稻受淹；受台风"轩岚诺"和"梅花"影响，浙江、江苏东部等地出现暴雨或大暴雨，局部晚稻受淹。10 月，晚稻产区温高光足，未出现大范围寒露风天气，光热条件利于江南晚稻灌浆成熟、收晒及华南晚稻授粉结实等。但江西、湖南等地降水仍持续偏少，无灌溉条件的晚稻千粒重下降，影响最终产量。

(三)一季稻

1. 农业气候条件评估

2022 年一季稻生育期内(4—10 月)，江淮、江汉、江南东部和西南地区北部≥10 ℃有效积温较常年同期偏多 150 ℃·日以上(图 3.1.3a)，其他地区接近常年或偏少；东北南部降水量较常年同期偏多，其他产区接近常年同期或偏少，其中江淮、江汉、江南东部偏少 2～5 成(图 3.1.3b)；产区日照时数较常年同期偏少。

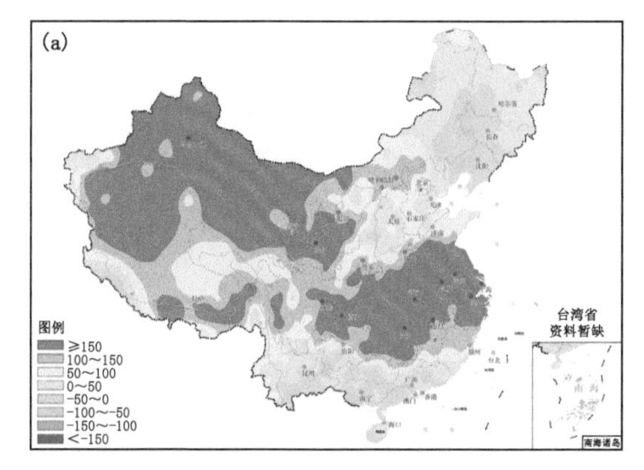

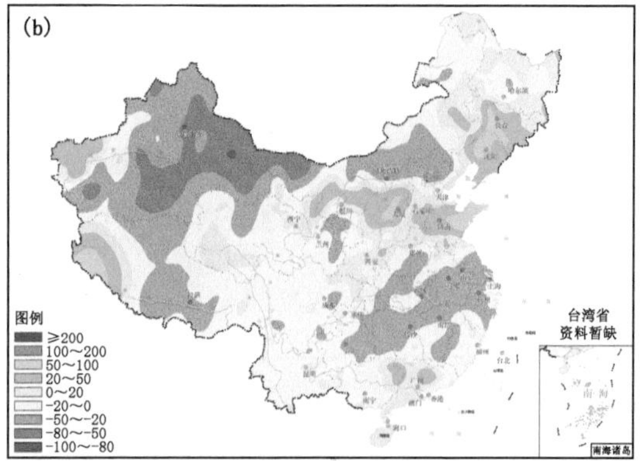

图 3.1.3　一季稻生长季(2022 年 4—10 月)≥10 ℃有效积温距平(a,单位:℃・日)及降水量距平百分率(b,单位:%)

2. 农业气象灾害评估

一季稻生育期内，各产区大部时段光温条件匹配较好，但长江中下游一季稻产区高温干旱严重，缺乏灌溉条件的水稻产量影响严重。6 月，江淮、江汉、江南北部和四川盆地大部光温条件较好，利于一季稻移栽和返青分蘖；黑龙江东南部、吉林东部、辽宁大部以及云南出现阶段性低温阴雨寡照天气，不利于一季稻苗期生长。7 月，东北产区大部光温正常，但辽宁中北部、吉林中南部月内出现多次强降水过程，对部分地区一季稻分蘖拔节和孕穗不利；长江中下游产区温高光足总体利于一季稻晒田控蘖及拔节；西南地区东部高温日数较常年同期明显偏多，对处于抽穗扬花期的一季稻不利。8 月，长江流域大部温高雨少，恰逢一季稻抽穗扬花高温敏感期，导致四川、湖北、安徽等地一季稻结实率降低、空秕粒增加，部分地区出现高温逼熟；东北产区气温偏低，一季稻籽粒灌浆速度有所减缓。9 月，气象条件总体利于一季稻充分灌浆及成熟收晒，但西南地区中旬出现连阴雨，影响水稻收晒进度。

二、气候对小麦的影响

1. 农业气候条件评估

2022 年，我国冬小麦全生育期内(2021 年 10 月至 2022 年 6 月)，大部地区热量充足，≥10 ℃有效积温普遍较常年同期偏多，其中河南、江苏、安徽大部偏多 150 ℃・日(图 3.1.4a)；河南大部、安徽北部和江苏北部降水量较常年同期偏少 2～5 成，其他地区接近常年同期或偏多(图 3.1.4b)；冬麦区大部日照时数略偏少。

2. 农业气象灾害评估

冬小麦全生育期内，光热充足，大部分地区降水量接近常年同期或偏多，土壤墒情适宜，气象灾害偏轻。秋播期，西北地区东部、华北、黄淮北部多雨，渍涝灾害突出，影响秋收腾茬整地，导致冬小麦播种明显推迟。11 月，冬麦区大部光热充足，过湿麦田范围缩小，主产区多数时段墒情适宜，对冬小麦出苗、生长和晚弱苗苗情转化升级有利，一定程度上弥补了晚播造成的不

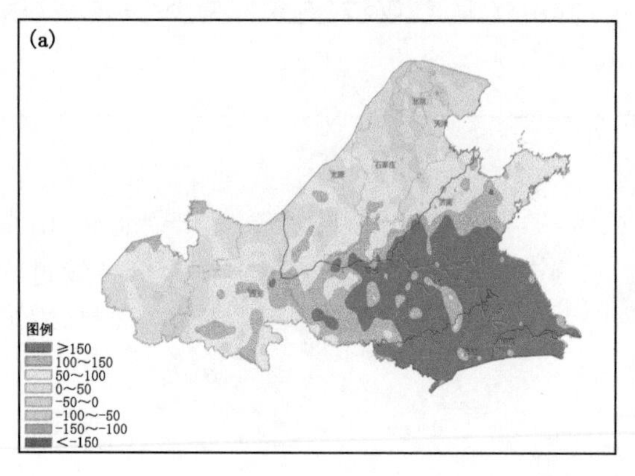

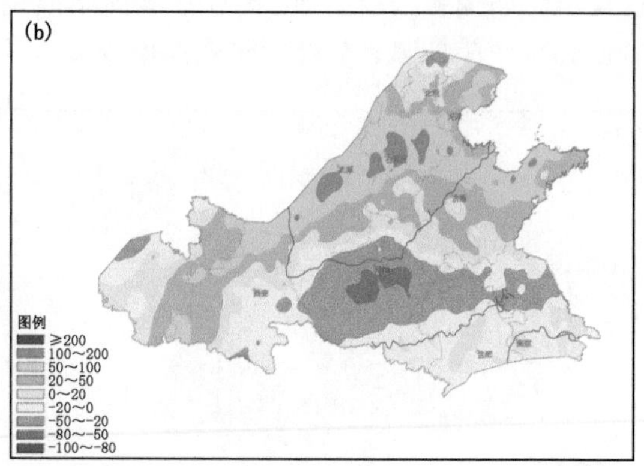

图 3.1.4　冬麦区 2021 年 10 月至 2022 年 6 月≥10 ℃有效积温距平(a,单位:℃·日)及降水量距平百分率(b,单位:%)

利影响。2021/2022 年冬季,北方冬麦主产区有 5 次较大范围雨雪天气过程,但无明显冻害发生,有利于农田增墒,冬小麦安全越冬。春季,北方冬麦区大部气温接近常年同期或偏高,光照正常偏多,未出现明显霜冻害,大部土壤墒情适宜,干旱影响轻,冬小麦苗情持续转化升级,长势好于预期。夏收期间多晴好天气,麦收进展顺利。

三、气候对玉米的影响

(一)春玉米

1. 农业气候条件评估

2022 年,我国春玉米全生育期内(2022 年 4—9 月),江汉、西北、西南地区北部≥10 ℃有效积温普遍较常年同期偏多 150 ℃·日以上,其余产区接近常年同期或偏少(图 3.1.5a);辽宁大部、吉林中部和南部、山西北部、陕西北部降水量较常年同期偏多 2 成以上,其余产区接近常年同期或偏少(图 3.1.5b);日照时数除西南地区偏多以外,其他产区均较常年同期偏少。

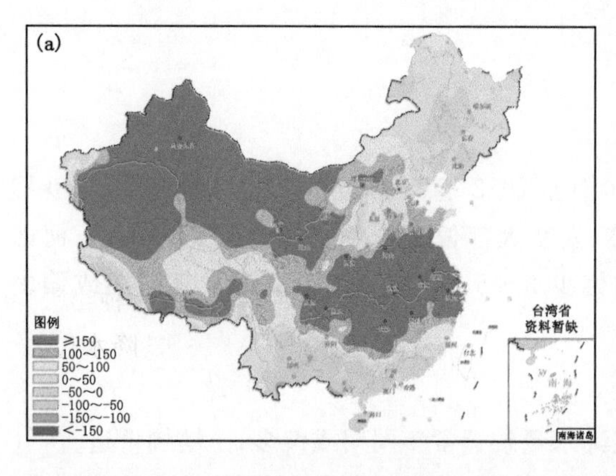

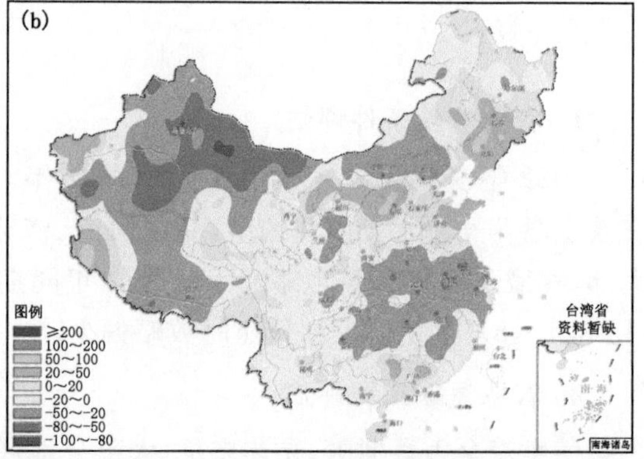

图 3.1.5　春玉米生长季(2022 年 4—9 月)≥10 ℃有效积温距平(a,单位:℃·日)及降水量距平百分率(b,单位:%)

2. 农业气象灾害评估

春玉米全生育期内，主产区气象灾害偏重，部分地区遭受强降水影响。4 月下旬至 6 月中旬东北地区出现阶段性低温寡照，春玉米播种期延长，出苗缓慢；辽宁和吉林两省西部 4 月下旬至 5 月中旬出现不同程度干旱，不利玉米播种出苗；6 月上中旬西北地区、华北、黄淮温高雨少，土壤失墒较快，无灌溉条件地区春玉米长势偏弱；6 月下旬吉林中南部、辽宁中北部、山东西北部和南部等地降水过程频繁且落区重叠度高，导致部分低洼玉米田块土壤水分持续过饱和，渍涝灾害较重，局部田块绝收；7—8 月，四川东部、重庆、贵州北部出现持续高温天气，农田土壤墒情下降，正值授粉至灌浆期的玉米出现秃尖和缺粒，局部产区绝收；9 月，东北地区东部降水量偏多，局部地区渍涝对玉米灌浆成熟不利，云南东部降水量偏多 3 成至 1 倍，不利玉米收获晾晒。

(二)夏玉米

1. 农业气候条件评估

2022 年夏玉米生育期内(6—9 月)，主产区水热条件匹配较好，大部地区≥10 ℃有效积温较常年同期偏多 50 ℃·日以上，其中河南大部、安徽北部和山东南部偏多 150 ℃·日以上(图 3.1.6a)；河南大部降水量较常年同期偏少 2～5 成，其余产区接近常年同期或偏多(图 3.1.6b)；产区大部日照时数略低于常年。

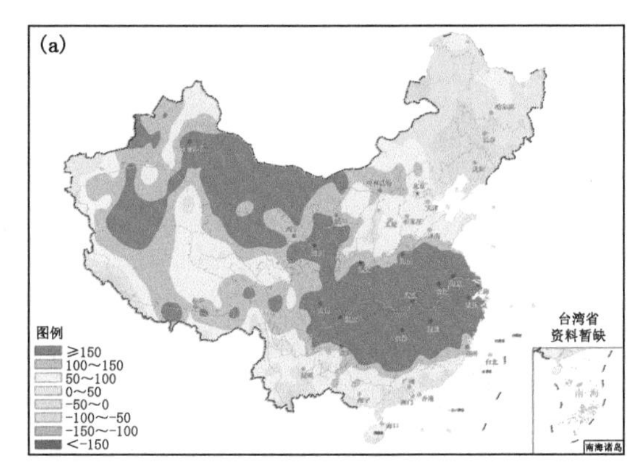

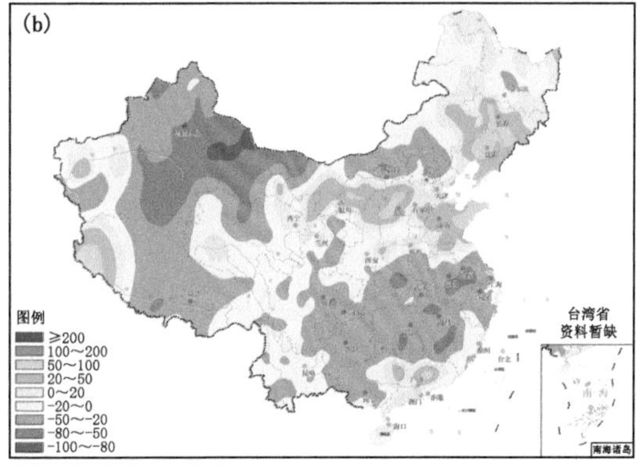

图 3.1.6 夏玉米生长季(2022 年 6—9 月)≥10 ℃有效积温距平(a,单位:℃·日)及降水量距平百分率(b,单位:%)

2. 农业气象灾害评估

夏玉米生育期内，大部地区水热条件匹配较好，旺盛生长期未出现明显农业干旱。6 月上旬，西北、华北、黄淮温高雨少，土壤失墒较快，大部地区表层墒情偏差，对夏玉米播种出苗不利，无灌溉条件地区夏玉米播种困难。6 月下旬至 8 月，夏玉米产区出现 13 次明显降水过程，前期旱情基本得以解除，利于玉米出苗和旺盛生长；但吉林中南部、辽宁中北部、山东西北部和南部等地降水过程频繁、雨量显著偏多且落区重叠度高，渍涝灾害较重，局部田块绝收。9 月，夏玉米产区大部光温较好，墒情适宜，利于灌浆成熟和收获，但东北地区东部和山东半岛受降水影响，部分土壤过湿，不利灌浆成熟。

四、气候对棉花的影响

1. 农业气候条件评估

2022年棉花生育期内(2022年4—10月),棉区(新疆、黄河流域、长江流域)大部热量充足,≥10 ℃有效积温较常年同期偏多150 ℃·日以上(图3.1.7a);陕西北部、山西北部和山东大部降水量较常年同期偏多2～5成,其余地区较常年同期偏少,其中新疆和长江中下游地区较常年同期偏少2～5成(图3.1.7b);棉区日照时数略偏少,其中江汉地区偏少2～5成。

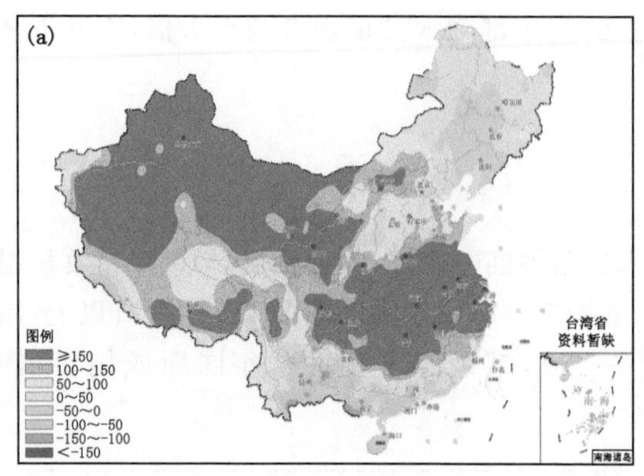

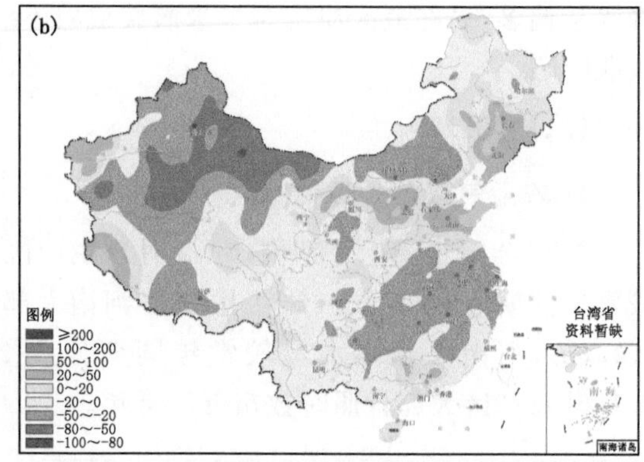

图3.1.7 棉花生长季(2022年4—10月)全国≥10 ℃有效积温距平(a,单位:℃·日)和降水距平百分率(b,单位:%)

2. 农业气象灾害评估

棉花全生育期内,产区大部气象条件总体利于棉花生长发育,长势总体较好。5月,江汉、江南西北部出现阶段性低温阴雨寡照天气,导致棉苗生长缓慢;6月,河北中南部、山西西南部、河南中部等地降水持续偏少,加之晴热高温天气,土壤表墒持续偏差,不利于棉花出苗及生长;盛夏,长江流域棉区大部温高雨少,灌溉条件偏差的棉田出现干旱,导致棉花叶片干枯、落铃增加,新疆大部棉区6月下旬至8月上旬出现了3次高温天气过程,对棉花开花结铃不利;9月,山东等地受台风影响,出现强降水过程导致部分棉株花铃脱落,长江流域棉区大部气温偏高,降水稀少,部分地区干旱持续或发展,灌溉条件偏差区域棉区落铃增加,不利产量提高。

第二节 气候对水资源的影响

2022年,全国年降水资源以及年水资源量状况属于枯水和比较欠缺年份等级。各省(区、市)年水资源量状况为,河南、江苏、安徽、湖北、上海、浙江、江西、湖南、重庆、四川、云南、西藏、宁夏、甘肃、新疆15省(区、市)属于比较欠缺年份;贵州属于异常欠缺年份;河北、山西、广东、海南属于比较丰富年份;辽宁、吉林、山东属于异常丰富年份;其余8省(区、市)属于正常年份。全国有一半以上的水库上游流域降水偏少。年内,长江流域遭遇罕见夏秋连旱,水资源短缺明显。

一、年降水资源量

1. 全国年降水资源状况

2022年，全国年降水资源量为57512.0亿米³，比常年偏少3024.2亿米³，比2021年少6265.4亿米³。从历年年降水资源量变化及全国年降水资源量丰枯评定指标来看，2022年属于枯水年份，为2012年以来最少的一年（图3.2.1）。

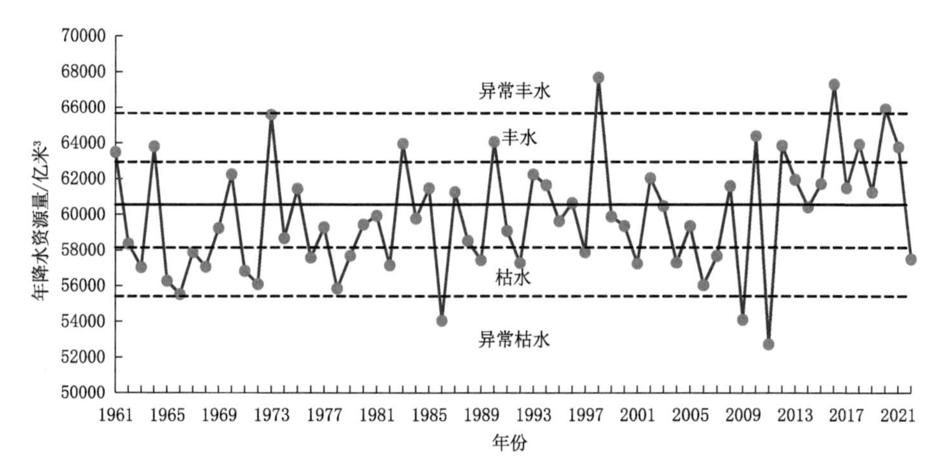

图3.2.1 1961—2022年全国年降水资源变化曲线
（黑实线为1991—2010年平均值）

2. 各省（区、市）年降水资源状况

2022年，全国年降水量分布不均。由表3.2.1可见，广东年降水量最多，居全国第一，年降水量有2057.1毫米，其次为海南（2004.7毫米）和广西（1646.7毫米）。新疆的年降水量为全国最少，仅有140.0毫米，宁夏和内蒙古分别为238.2毫米和314.4毫米。

与2021年相比，全国有25个省（区、市）年降水量减少，上海、河南、北京、浙江、天津、江苏、重庆、陕西等地减幅超过300毫米，其中上海最大，减幅有565.7毫米，其次为河南，减幅有533.8毫米。其余省份年降水量增加，其中广东、广西、海南增幅超过250毫米，广东增幅高达700.2毫米。

表3.2.1 2022年各省（区、市）年降水资源量、平均年降水量与2021年对比

省（区、市）	年降水资源量/亿米³	与2021年相比/亿米³	平均年降水量/毫米	与2021年相比/毫米
北　京	82.8	−73.1	493.1	−435.4
天　津	66.3	−44.1	586.9	−390.6
河　北	1062.5	−550.0	566.0	−293.0
山　西	874.5	−256.8	559.5	−164.3
内蒙古	3642.7	−732.8	314.4	−63.3
辽　宁	1297.4	3.9	891.7	2.7
吉　林	1568.3	285.7	836.9	152.4
黑龙江	2563.4	−218.9	563.5	−48.1

续表

省(区、市)	年降水资源量/亿米^3	与2021年相比/亿米^3	平均年降水量/毫米	与2021年相比/毫米
上　海	61.2	−35.6	971.3	−565.7
江　苏	886.9	−380.4	868.6	−372.6
浙　江	1437.5	−435.2	1394.3	−422.1
安　徽	1392.3	−391.9	998.1	−281.0
福　建	2028.4	246.6	1637.1	199.0
江　西	2516.3	−16.6	1515.8	−10.0
山　东	1325.3	−187.6	864.5	−122.4
河　南	982.6	−881.2	595.2	−533.8
湖　北	1842.5	−430.8	991.1	−231.7
湖　南	2669.7	−353.8	1260.5	−167.0
广　东	3634.9	1237.2	2057.1	700.2
广　西	3897.7	736.4	1646.7	311.1
海　南	681.6	89.3	2004.7	262.6
重　庆	787.6	−293.5	955.8	−356.2
四　川	4115.9	−1062.5	848.0	−218.9
贵　州	1782.1	−362.0	1011.4	−205.4
云　南	3895.8	119.3	988.5	30.3
西　藏	4854.1	−796.0	403.7	−66.2
陕　西	1322.4	−659.4	643.8	−321.0
甘　肃	1437.6	−285.9	360.5	−71.7
青　海	2626.9	−256.8	363.5	−35.5
宁　夏	123.4	−19.8	238.2	−38.3
新　疆	2306.3	−262.4	140.0	−15.9

根据各省(区、市)年降水资源丰枯的等级指标(表3.2.2),得到2022年各地年降水资源的丰枯状况(图3.2.2)。2022年,全国有15个省(区、市)年降水资源量属于枯水年份,它们是:河南、江苏、安徽、湖北、上海、浙江、江西、湖南、重庆、四川、云南、西藏、宁夏、甘肃、新疆;贵州属于异常枯水年份;河北、山西、广东、海南属于丰水年份;辽宁、吉林、山东属于异常丰水年份;其余8个省(区、市)均属于正常年份。

表3.2.2　2022年各省(区、市)年降水资源丰枯等级指标(单位:米^3)

省(区、市)	指标1	指标2	指标3	指标4
北　京	119.0	104.8	79.9	65.7
天　津	78.6	68.5	50.9	40.8
河　北	1174.2	1051.8	837.6	715.3
山　西	930.7	842.1	686.9	598.2
内蒙古	4626.0	4164.3	3356.3	2894.6
辽　宁	1208.6	1060.9	802.3	654.6
吉　林	1433.6	1288.4	1034.5	889.3
黑龙江	3115.3	2783.9	2204.1	1872.8
上　海	99.3	87.9	67.8	56.4
江　苏	1363.1	1213.2	950.9	801.0
浙　江	1892.2	1729.3	1444.1	1281.2

续表

省(区、市)	指标 1	指标 2	指标 3	指标 4
安　徽	2169.8	1937.6	1531.1	1298.8
福　建	2576.6	2298.7	1812.5	1534.6
江　西	3497.7	3154.0	2552.3	2208.5
山　东	1271.9	1138.1	904.0	770.2
河　南	1515.7	1347.1	1052.0	883.4
湖　北	2756.6	2481.5	2000.1	1725.0
湖　南	3612.0	3312.6	2788.7	2489.3
广　东	3872.3	3498.9	2845.5	2472.1
广　西	4497.1	4101.6	3409.4	3013.8
海　南	740.4	673.3	555.9	488.8
重　庆	1105.8	1017.3	862.3	773.8
四　川	5270.2	4939.4	4360.5	4029.8
贵　州	2464.2	2284.1	1968.9	1788.8
云　南	4827.5	4492.0	3904.9	3569.3
西　藏	6515.0	6013.4	5135.6	4634.0
陕　西	1576.4	1425.5	1161.5	1010.6
甘　肃	1956.1	1777.0	1463.6	1284.5
青　海	3200.5	2964.2	2550.8	2314.5
宁　夏	204.5	177.4	129.9	102.7
新　疆	3493.0	3133.4	2504.0	2144.4

注:全国 2000 多个站；年降水资源量(R)丰枯等级划分标准为:$R>$指标 1 为异常丰水;指标 $1\geqslant R\geqslant$指标 2 为丰水;指标 $2>R>$指标 3 为正常;指标 $3\geqslant R\geqslant$指标 4 为枯水;指标 $4>R$ 为异常枯水。

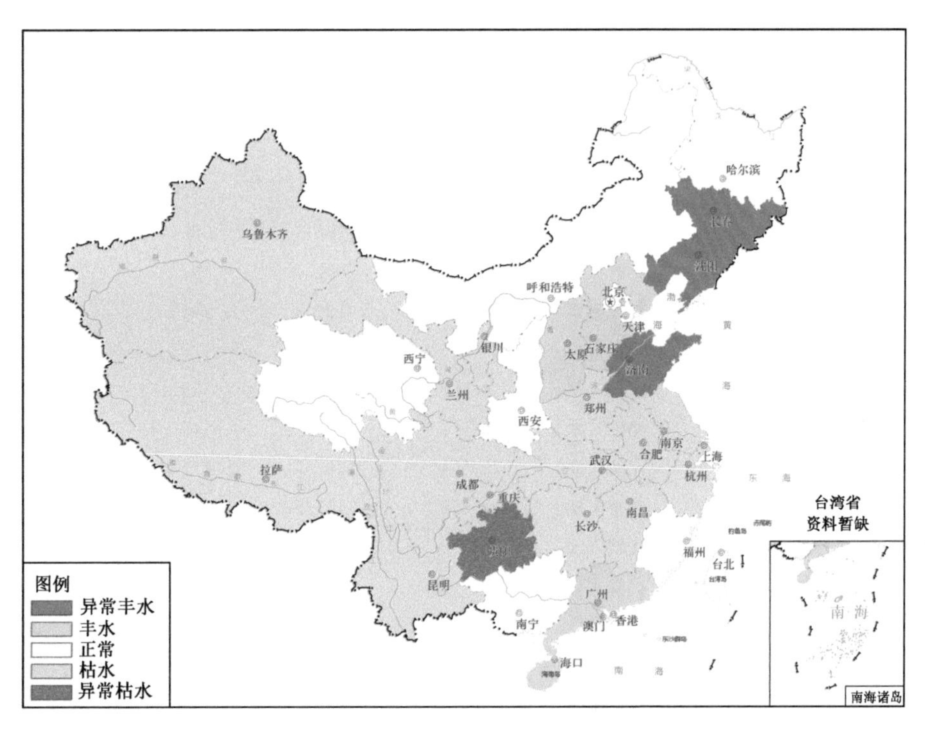

图 3.2.2　2022 年全国年降水资源丰枯评估等级分布

二、年水资源总量

1. 全国及各省(区、市)水资源量

经统计,2022年全国水资源总量26185.6亿米^3,属于比较欠缺年份。各省(区、市)水资源量状况评估结果如下:河南、江苏、安徽、湖北、上海、浙江、江西、湖南、重庆、四川、云南、西藏、宁夏、甘肃、新疆15省(区、市)属于比较欠缺年份;贵州属于异常欠缺年份;河北、山西、广东、海南属于比较丰富年份;辽宁、吉林、山东属于异常丰富年份;其余8个省(区、市)均属于正常年份(表3.2.3)。

表3.2.3　2022年全国及各省(区、市)水资源总量评估结果和采用的指标及参数(单位:亿米^3)

省(区、市)	年水资源总量	评估结果	指标1	指标2	指标3	指标4
北京	22.8	正常	38.2	32.1	21.5	15.5
天津	16.0	正常	21.6	17.0	8.9	4.3
河北	192.3	比较丰富	225.3	189.2	126.0	90.0
山西	118.5	比较丰富	127.3	113.4	89.3	75.4
内蒙古	467.7	正常	681.6	581.2	405.4	304.9
辽宁	552.4	异常丰富	492.5	392.9	218.6	119.0
吉林	634.8	异常丰富	559.3	478.0	335.7	254.4
黑龙江	890.3	正常	1224.4	1023.9	672.9	472.3
上海	22.3	比较欠缺	58.4	47.6	28.6	17.8
江苏	257.0	比较欠缺	609.4	498.5	304.4	193.5
浙江	869.5	比较欠缺	1340.5	1171.7	876.4	707.7
安徽	505.6	比较欠缺	1127.3	941.6	616.6	430.9
福建	1173.3	正常	1659.0	1412.8	982.1	736.0
江西	1372.3	比较欠缺	2188.1	1902.3	1402.2	1116.4
山东	438.7	异常丰富	410.6	340.1	216.7	146.2
河南	239.1	比较欠缺	540.1	444.9	278.3	183.1
湖北	706.4	比较欠缺	1415.8	1202.3	828.6	615.1
湖南	1556.4	比较欠缺	2238.6	2021.9	1642.7	1426.0
广东	2195.6	比较丰富	2360.9	2100.9	1645.9	1385.9
广西	2084.9	正常	2492.6	2223.7	1753.1	1484.2
海南	426.6	比较丰富	489.8	417.7	291.5	219.5
重庆	416.3	比较欠缺	679.8	606.5	478.2	404.9
四川	2149.0	比较欠缺	2901.4	2685.7	2308.3	2092.7
贵州	819.1	异常欠缺	1263.0	1145.8	940.7	823.4
云南	1824.1	比较欠缺	2491.0	2251.0	1830.8	1590.7
西藏	4179.8	比较欠缺	4757.7	4583.2	4277.7	4103.1
陕西	375.8	正常	495.6	424.4	299.8	228.6
甘肃	188.0	比较欠缺	295.2	258.2	193.4	156.4
青海	637.3	正常	858.1	767.1	608.0	517.1
宁夏	9.5	比较欠缺	12.0	11.2	9.7	8.8

续表

省(区、市)	年水资源总量	评估结果	指标 1	指标 2	指标 3	指标 4
新　疆	844.0	比较欠缺	1014.3	962.6	872.3	820.7
全　国	26185.6	比较欠缺	31106.7	29400.1	26413.6	24707.0

注：中国 2000 多个站；年水资源总量(W)丰枯等级划分标准为：$W>$指标 1 为异常丰富；指标 $1\geqslant W\geqslant$指标 2 为比较丰富；指标 $2>W>$指标 3 为正常；指标 $3\geqslant W\geqslant$指标 4 为较为欠缺；指标 $4>W$ 为异常欠缺。

根据联合国水资源短缺状况评估指标和等级，2022 年全国人均年水资源量为 1856.3 米^3，不足 2500 米^3，水资源短缺状况为脆弱等级。上海、北京、天津、宁夏、河南、河北、江苏、山西、山东均不足 500 米^3/人，属于水资源极缺等级，其中上海、北京、天津、宁夏不足 200 米^3/人；甘肃、安徽、陕西不足 1000 米^3/人，属于水资料缺水等级；湖北、重庆、辽宁、浙江不足 1700 米^3/人，属于水资源紧张等级；广东、内蒙古、贵州、湖南不足 2500 米^3/人，属于水资源脆弱等级（图 3.2.3）。

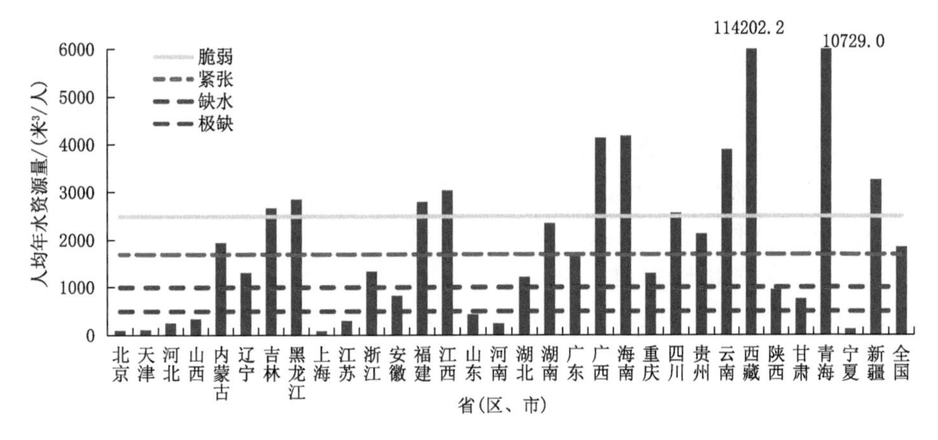

图 3.2.3　2022 年全国及各省(区、市)水资源短缺状况评估

2. 十大流域水资源量

2022 年，淮河、长江、东南诸河、西南诸河流域和西北内陆河流域地表水资源量较常年偏少，松花江、辽河、海河、黄河和珠江流域较常年偏多（图 3.2.4）。

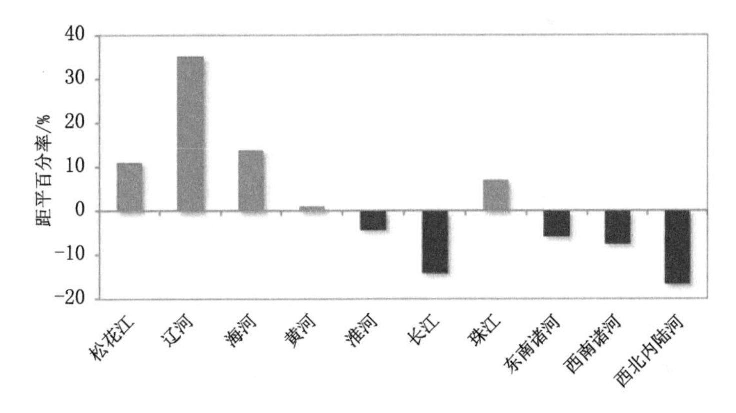

图 3.2.4　2022 年十大流域地表水资源量距平百分率

松花江流域地表水资源量约为1172亿米^3，较常年偏多11.0%；辽河流域522亿米^3，较常年偏多35.1%；海河流域131亿米^3，较常年偏多13.8%；黄河流域493亿米^3，较常年偏多0.9%；珠江流域4883亿米^3，较常年偏多7.0%。淮河流域地表水资源量约为774亿米^3，较常年偏少4.2%；长江流域9085亿米^3，较常年偏少14.1%；东南诸河、西南诸河和西北内陆河流域分别较常年偏少5.8%、7.4%和16.5%。

三、气候对水资源的影响

1. 长江流域遭遇罕见夏秋连旱，水资源短缺明显

7月至11月上半月，长江中下游及川渝等地持续高温少雨，遭遇夏秋连旱，给部分地区水资源供给造成较大影响。长江流域出现了"汛期反枯"的罕见现象，洞庭湖发生多处支流断流，鄱阳湖接连刷新1951年有记录以来进入枯水期和低枯水期的纪录；对水库群调度也产生一定影响，10月底，三峡水库水位较常年同期偏低14米，为2012年实施175米蓄水目标以来首次出现不达标的情况。

江西，6月27日卫星遥感监测鄱阳湖水域面积为3331千米^2，是2022年监测到的最大水域面积，之后受持续高温少雨影响，水域面积持续偏少，8月24日为878千米^2，达近十年来最小，11月19日监测到最小水域面积，为582千米^2，是继8月24日以来，第八次创历史新低。

湖南，7月以来，晴热高温少雨，受夏秋连旱影响，省内河湖水位持续走低，塘坝、小型水库干涸。洞庭湖城陵矶水位8月4日起就低于24.5米的枯水位，与多年平均每年10月26日前后低于24.5米的枯水位相比，提前了80多天；8月27日13时，水位跌破22米大关，为21.99米，低于1972年8月29日水位22.01米记录，创有水文记录以来历史同期最低。10月城陵矶水位为历史同期最低值，洞庭湖入湖水量为历史同期最少，近2成站点水位接近或低于历史最低水位。11月15日08时洞庭湖城陵矶水位19.14米，较多年同期均值偏低4.64米，全省31站水位接近或低于历史最低水位；全省断流50千米^2、100千米^{2}以上河流分别有92条、50条，断流河长约1109千米，其中藕池河康家岗站至11月29日断流142天。受干旱影响，湖南省11个市(州)51个县(市、区)，不同程度出现了因旱饮水困难问题。饮水困难需送水人口主要分布在张家界、郴州、湘西州等地。此外，湖南全省各类水利工程共蓄水241.98亿米^3，占可蓄水量的50.23%，比历年同期少30.5%，可用水量121.76亿米^3。

湖北，持续高温少雨，加上来水不足，省内江河湖泊水位持续下降。9月30日08时，汉口水位12.7米，低于旱警水位，武汉长江大桥已出现桥墩出露的罕见现象，11月12日晚，湖北武汉长江水位退至12.45米，刷新11月最低纪录(原纪录12.46米，出现在1900年11月28日)，截至11月13日13时又继续降到12.43米。9月9日，引江济汉工程进口泵站5台机组同步运行应急调水，保障汉江下游、长湖周边及东荆河流域用水需求。高温干旱导致湖北十堰、神农架、恩施州部分高山地区生活用水紧张，牲畜饮水困难。

2. 全国超过一半的水库上游流域降水量偏少

通过对75个大1型水库(个别为大2型(1亿～10亿m^3))上游流域年降水量的统计分析表明，全国有55%的水库上游流域平均年降水量较常年偏少，北京、河南、陕西、甘肃、宁夏、青海、安徽、湖北、江西、贵州、四川、重庆、云南、西藏、新疆等省(区、市)的全部水库以及广西、河北、湖南、内蒙古、浙江的部分水库较常年偏少，其中有12个水库降水量偏少超过20%，其中

河南鸭河口水库、湖北富水水库、北京密云水库偏少 30%以上，对水库蓄水不利；其余 45%的水库上游流域平均年降水量较常年偏多，包括黑龙江、吉林、辽宁、天津、山东、山西、江苏、福建、广东的全部水库以及广西、河北、湖南、内蒙古、浙江的部分水库，有 16 个水库降水量偏多超过 20%，其中吉林二龙山水库、辽宁大伙房水库、吉林白山电站、云峰水库偏多超过 40%，利于水库蓄水（图 3.2.5）。

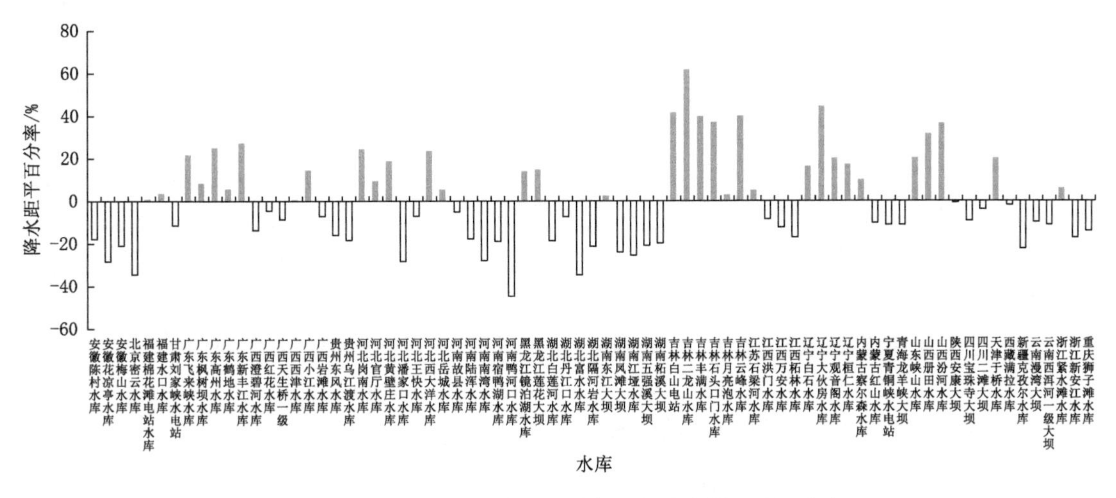

图 3.2.5　2022 年 75 座大 I 型水库年降水量距平百分率

第三节　气候对生态的影响

2022 年植被生长季（5—9 月），全国平均气温 20.3 ℃，较 2000—2021 年同期偏高 0.7 ℃。从空间分布看，除东北大部、华南大部及内蒙古东北部、云南等地平均气温偏低外，全国大部地区平均气温接近或高于 2000—2021 年同期。西北地区大部、黄淮南部、江淮、江汉、江南西北部及重庆、四川东部局部、西藏大部等地气温偏高 1～2 ℃，局地偏高 2 ℃以上（图 3.3.1a）。

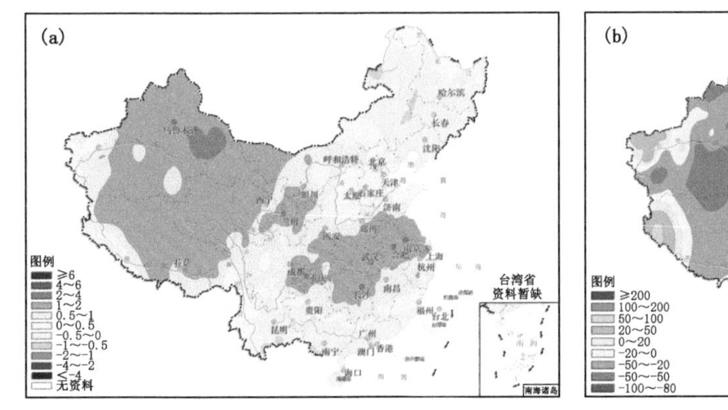

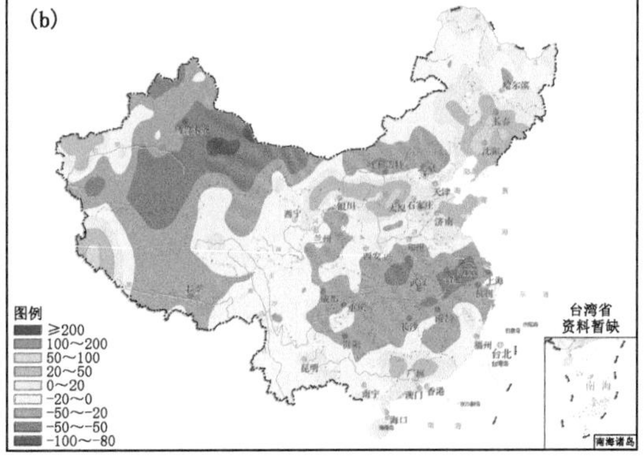

图 3.3.1　2022 年植被生长季（5—9 月）全国平均气温距平（a，单位：℃）与全国降水量距平百分率（b，单位：%）分布

2022 年植被生长季，全国平均降水量 411.5 mm，较 2000—2021 年同期偏少 11.9%。从空间分布看，除东北地区南部及山西北部、山东东北部、广东北部、西藏西南部等地降水量偏多 2～5 成，局地偏多 5 成以上外，全国大部地区降水量接近或少于 2000—2021 年同期。华东中部和西南部、华中大部、西南地区东部、西北地区西部及内蒙古中部、西藏大部等地降水量偏少 2～5 成，其中苏皖南部、湖北中北部、新疆东部等地降水量偏少 5 成以上(图 3.3.1b)。

从逐月降水条件来看，与 2000—2021 年历史同期相比，5 月，西北地区西北部、华北北部、华东中部和北部、华中大部及甘肃、内蒙古等地降水量偏少 2 成以上，不利于植被生长；6 月，西北地区西北部和东部及山西南部、河南南部、四川东北部等地降水量偏少 2 成以上，不利于植被生长；7 月，新疆东北部和西南部、内蒙古中部、浙江、福建大部、江西东部、四川中部、云南南部、西藏大部等地降水量偏少 5 成以上，不利于植被生长；8 月，华东、华中、西南地区东部及新疆东部、甘肃西北部、西藏东南部等地降水量偏少 5 成以上，不利于植被生长；9 月，东北地区西部、西北大部、华北、华东、华中、华南北部等地降水量较常年同期偏少 5 成以上，不利于植被生长。

根据卫星遥感监测数据计算，2022 年植被生长季(5—9 月)，全国平均归一化植被指数(NDVI)为 0.46，较近 22 年(2000—2021 年)同期平均值(0.442)偏高 4.3%，与 2018 年和 2020 年并列为 2000 年以来的第二高值(图 3.3.2)。

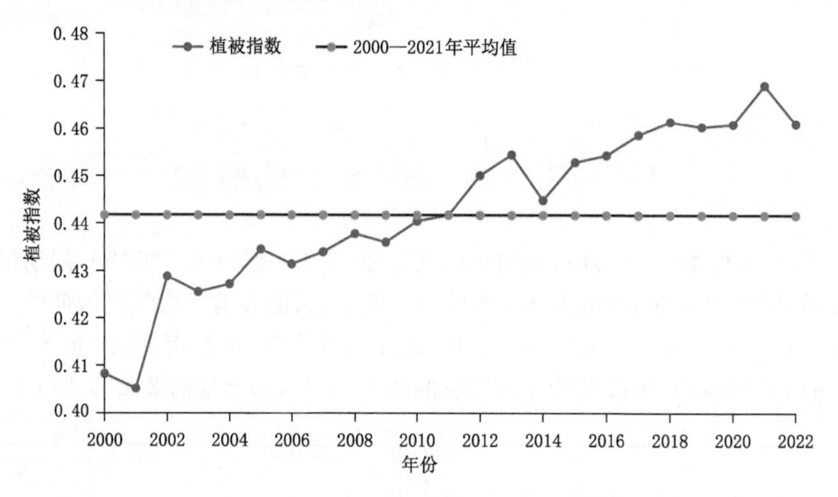

图 3.3.2　2000—2022 年 5—9 月全国平均归一化植被指数历年变化

与 2000—2021 年同期相比，2022 年植被生长季，全国大部地区平均归一化植被指数接近常年同期或偏高，其中东北西部及内蒙古东部、山西、陕西中部和北部、甘肃东部、云南大部及西藏东南部等地偏高，植被长势偏好；内蒙古东北部和中部、山东南部、河南大部、安徽中部、湖北中部、江西北部、湖南北部、重庆西部、西藏中部等地植被指数较常年同期偏低，植被长势偏差。

第四节　气候对大气环境的影响

2022 年，除青海西南部、西藏大部、四川中西部以及云南西北部偏低超过 5%以外，全国其余大部地区大气自净能力指数偏高或接近近 20 年(2001—2020)同期，其中黑龙江中南部和东北部、吉林大部、辽宁东北部等地偏高 30%以上，以上地区大气条件对污染物的清除能力有了较大提升。1—2 月和 10—12 月，京津冀及周边“2＋26”城市*共有 2 次区域重度污染过程，较近 3 年（2019—2021 年）同期次数偏少。由于大气自净能力偏弱、相对湿度较高以及过程前期混合层高度较低等因素的综合影响，1 月 9—12 日和 12 月 7—9 日分别发生了以 $PM_{2.5}$ 为首要污染物的重度污染过程。总体来看，2022 年全国以及京津冀、长三角、珠三角和汾渭平原大气对污染物的清除能力均较近 20 年同期偏强，该大气条件有利于空气质量的改善。

一、基本特征

2022 年，东北中南部及内蒙古东南部、河北北部、海南西北部、西藏西南部等地的大气自净能力指数在 3.6 吨/（天·千米²）以上，大气对污染物的清除能力较强；新疆西南部和中部局地、四川中部局地大气自净能力指数小于 1.6 吨/（天/·千米²），大气对污染物的清除能力较差；全国其余大部地区大气对污染物的清除能力一般（图 3.4.1）。

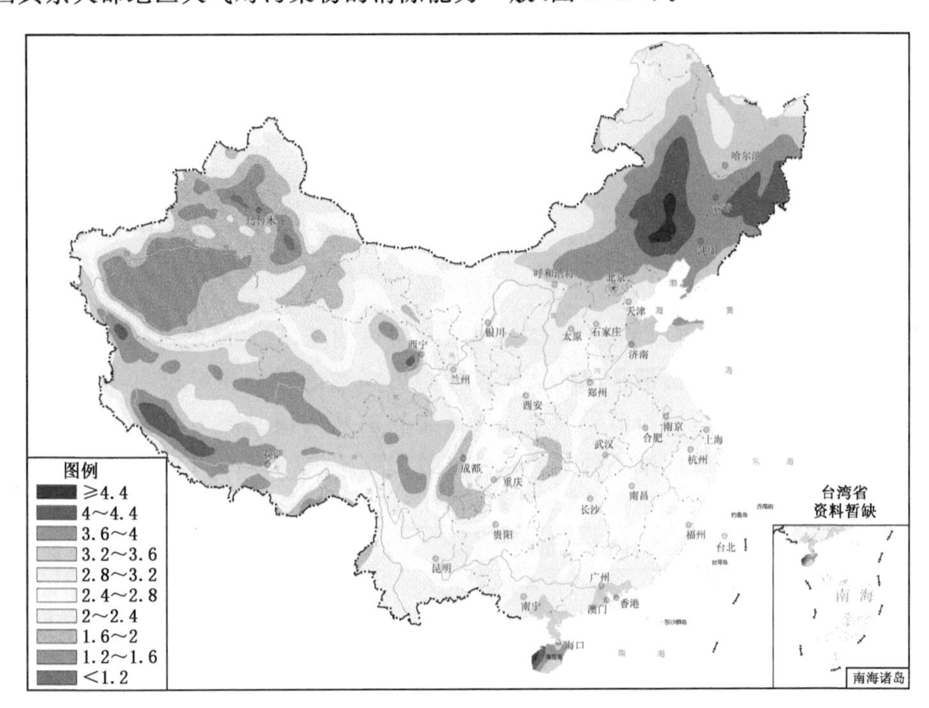

图 3.4.1　2022 年全国年平均大气自净能力指数分布（单位：吨/（天·千米²））

2022 年，全国平均大气自净能力指数为 3.0 吨/（天·千米²），较 2001—2020 年平均值偏高 6.2%，较 2013 年（大气“国十条”实施初期）偏高 6.1%，大气自净能力总体偏强。除青海西南部、西藏大部、四川中西部以及云南西北部偏低超过 5%以外，全国其余大部地区大气自净能力指数偏高或接近近 20 年同期，其中黑龙江中南部和东北部、吉林大部、辽宁东北部等地偏高 30%以上，以上地区大气对污染物的清除能力有了较大提升（图 3.4.2）。

2022 年，在全国大气污染防控重点地区中，京津冀、长三角、珠三角和汾渭平原年平均大

* 根据环保部《京津冀及周边地区 2017 年大气污染防治工作方案》，“2＋26”是指：京津冀大气污染传输通道，包括北京，天津，以及河北省石家庄、唐山、廊坊、保定、沧州、衡水、邢台、邯郸，山西省太原、阳泉、长治、晋城，山东省济南、淄博、济宁、德州、聊城、滨州、菏泽，河南省郑州、开封、安阳、鹤壁、新乡、焦作、濮阳共 28 个城市。

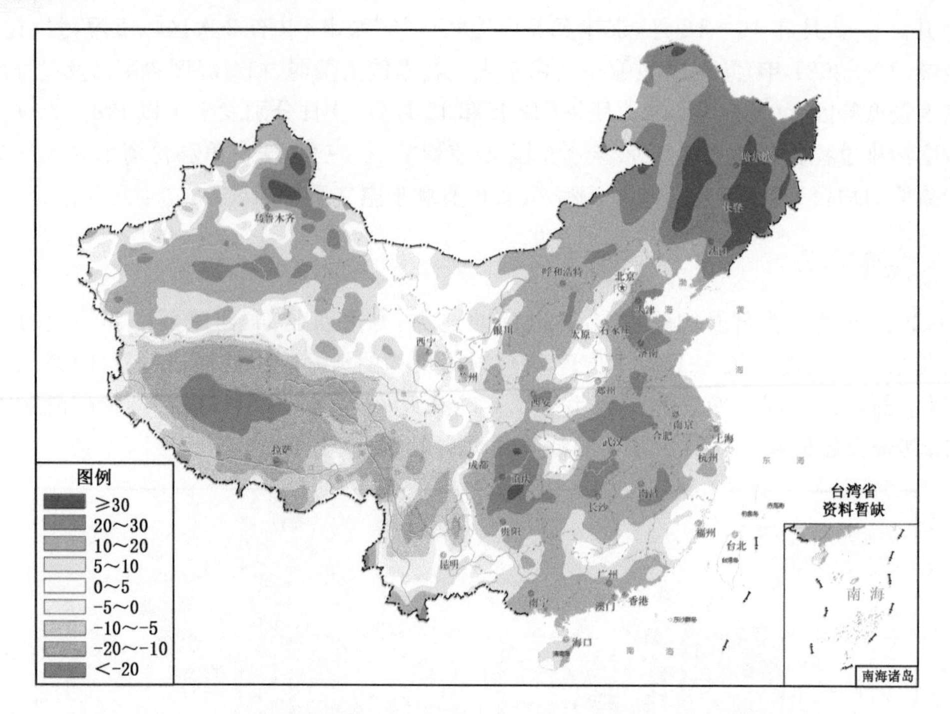

图 3.4.2　2022 年全国年平均大气自净能力指数距平百分率分布(单位:%)

气自净能力指数相对 2013 年以及近 20 年平均状态明显偏高,低自净能力日数较 2013 年明显偏少。其中,相比其他区域,汾渭平原的大气自净能力指数的增幅相对较小,但低自净能力日数相对 2013 年降幅较大,说明汾渭平原对大气污染物的年均清除能力改善虽相对较小,但易导致大气重污染事件发生的极端不利气象条件日数明显减少(表 3.4.1)。

表 3.4.1　2022 年大气污染防控重点地区大气自净能力指数和低自净能力日数变化特征

地区	大气自净能力指数		低自净能力日数	
	距平百分率/% (2022 年相对 2013 年)	距平百分率/% (2022 年相对 2001—2020 年平均)	2022 年日数 /天	距平百分率/% (2022 年相对 2013 年)
京津冀	17.5	15.2	131	−33.5
长三角	17.3	13.2	162	−28.0
珠三角	13.7	14.8	174	−17.5
汾渭平原	10.4	9.0	147	−27.2

二、典型事件分析

2022 年 1—2 月以及 10—12 月,京津冀及周边"2+26"城市共发生区域重污染过程 2 次,分别为 1 月 9—12 日、12 月 7—9 日,过程首要污染物为 $PM_{2.5}$。其中 1—2 月,京津冀及周边"2+26"城市大气自净能力指数较近 20 年同期偏低,其余月份大气自净能力指数均偏高。从表 3.4.2 来看,相较 2019—2021 年同期(分别为 5 次、4 次和 3 次),2022 年重污染过程发生次数偏少,且持续时间不及 2021 年发生的两次以 $PM_{2.5}$ 为首要污染物的过程(分别为 6 天和 4 天)。1 月 9—12 日的过程持续 4 天,污染区地面受弱高压脊前均压场控制,低层为弱西北气流，1 月 3—9 日混合层高度偏低 27.4%，可能造成了过程前期 $PM_{2.5}$ 颗粒物的积聚，而过程期间风速较小，导致大气水平扩散能力较弱，同时，接近 70% 的相对湿度则有利于 $PM_{2.5}$ 颗粒物的吸湿性增长和二次气溶胶生成。此次过程中重度污染集中发生在山东和河南的 14 个城市，该 14 个城市过程平均空气质量指数(AQI)为 186。12 月 7—9 日过程持续 3 天，500 百帕东北亚沿岸为正距平中心，受纬向环流影响，污染区上空大气稳定，850 百帕持续的南风可能造成污染区南部污染物和来自海洋的水汽向北输送，该环流形势有利于污染的区域间输送和污染物的加重和维持。期间，区域大气自净能力指数偏低 28.4%，混合层高度偏低 6.4%(表 3.4.2)，特别是在过程前期 12 月 4—8 日，混合层高度明显偏低 38.9%，大气的水平和垂直扩散能力较弱，有利于污染物的累积。受 12 月 9—11 日的弱冷空气影响，污染消散。另外，12 月冷空气活动较为频繁，12 月 12 日受上游沙尘输送影响，京津冀及周边"2＋26"城市单日 AQI 达 162，北京 PM_{10} 浓度明显上升，能见度下降，大部分地区最低能见度 1～4 千米。总体来看，2022 年较强的大气扩散能力总体有利于污染物的清除，与之相关的是，1—2 月以及 10—12 月京津冀及周边"2＋26"城市区域重污染过程发生次数较少、过程污染强度较轻以及过程持续时间较短。

表 3.4.2 2022 年 1—2 月、10—12 月中京津冀及周边"2＋26"城市区域 2 次重污染过程气象条件

重污染过程	持续时间/天	过程平均 AQI	平均大气自净能力指数距平百分率/%	相对湿度/%	混合层高度距平百分率/%
1 月 9—12 日	4	145	－13.6	71.4	12.9
12 月 7—9 日	3	181	－28.4	68.4	－6.4

注：京津冀及周边"2＋26"城市区域大气重污染过程定义为：某时段内，京津冀及周边"2＋26"城市中有 5 个及以上城市 AQI⩾200 的时间即为过程起始日，AQI⩾200 的城市少于 5 个时为该过程结束日，且过程持续 3 天及以上，中间允许有 1 天不连续。此处仅列出以 $PM_{2.5}$ 为首要污染物的过程。大气自净能力指数和混合层高度为中尺度数值模拟结果，相对湿度为地面气象观测结果。气候值为 2001—2020 年同期(5 天滑动平均)均值。

第五节 气候对能源需求的影响

2021/2022 年冬季采暖季，北方冬季平均气温较常年同期偏高，采暖度日较常年同期偏少，采暖需求减少；天津、郑州、济南、石家庄采暖初日较常年偏晚 16～31 天，太原和兰州采暖初日分别提前 5～7 天，大部分采暖结束日期较常年偏早，平均采暖期长度比常年偏少 14 天。主采暖期大部分北方地区省会城市平均气温均较常年同期偏高，采暖耗能减少，其中北京、天津、济南、郑州降幅为 10%～24%。2022 年夏季，全国大部地区气温较常年同期偏高，降温耗能相应较常年同期增加。6 月，大部分省会城市均较常年同期偏高，其中呼和浩特、郑州、南京、银川、太原、兰州降温耗能增幅为 157%～318%；7 月，哈尔滨、重庆、兰州、贵阳等地降温耗能增幅为 80%～120%；8 月，武汉、南京、杭州、南昌、重庆降温耗能增幅为 80%～148%。

一、气候对北方冬季采暖耗能的影响

1. 采暖季气温

2022 年采暖季(2021 年 11 月至 2022 年 3 月)，北方地区平均气温为－3.6 ℃，较常年(1991—2020)同期偏高 0.5 ℃，较 2021 年偏低 0.3 ℃(图 3.5.1)。1961—2022 年采暖季北方

地区的平均气温整体呈上升趋势，上升速率约为 0.03 ℃/年。

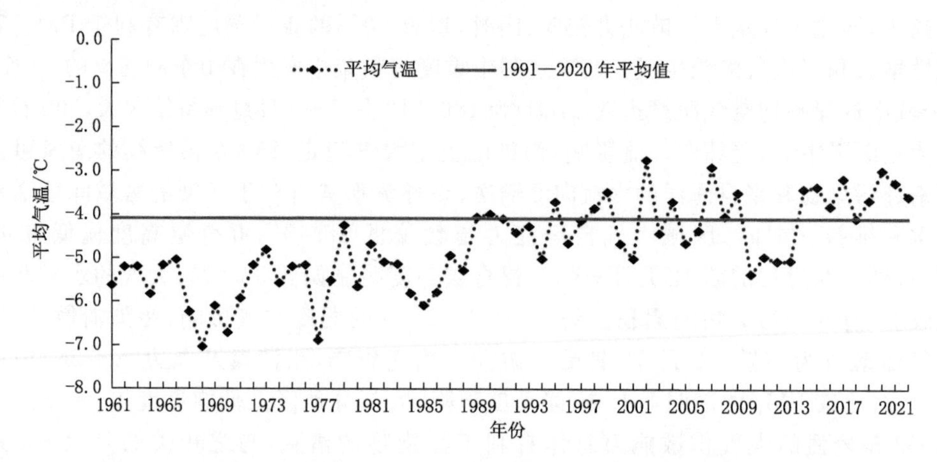

图 3.5.1 1961—2022 年采暖季(11 月至次年 3 月)北方地区平均气温变化

2. 采暖期长度及采暖度日

(1)采暖初日和终日。2022 年我国北方主要城市中，天津、郑州、济南、石家庄采暖初日较常年偏晚 16～31 天，太原和兰州采暖初日分别提前 5 天和 7 天，其他北方主要城市采暖初日接近于常年同期；大部分城市采暖结束日期较常年偏早，西宁、银川、天津、太原、北京等采暖结束日期提前 12 天以上，其中西宁采暖结束日期提前 27 天；北方主要城市采暖期长度平均缩短 14 天，石家庄、天津、西宁、济南、郑州、长春采暖期缩短 12 天以上，其中石家庄缩短 36 天(表 3.5.1)。

表 3.5.1 2021/2022 年北方省会城市采暖初、终日期和采暖期长度及距平

站点	初日(年-月-日)	初日距平/天	终日(年-月-日)	终日距平/天	采暖期长度/天	采暖期长度距平/天
哈尔滨	2021-10-31	5.2	2022-04-02	−5.6	154	−10.9
乌鲁木齐	2021-11-04	2.4	2022-03-26	−2.7	143	−5.1
西宁	2021-10-25	1.7	2022-03-07	−26.5	134	−28.2
兰州	2021-11-06	−6.5	2022-03-03	−8.0	118	−1.5
呼和浩特	2021-10-31	2.6	2022-04-03	3.1	155	0.5
银川	2021-11-06	−2.7	2022-03-03	−13.7	118	−11.0
石家庄	2021-12-22	30.5	2022-02-25	−5.6	66	−36.0
太原	2021-11-07	−4.9	2022-03-04	−12.2	118	−7.2
长春	2021-11-06	8.0	2022-04-03	−4.3	149	−12.3
沈阳	2021-11-06	0.5	2022-03-23	−7.3	138	−7.8
北京	2021-11-18	0.0	2022-02-26	−11.5	101	−11.5
天津	2021-12-04	15.9	2022-02-27	−12.8	86	−28.7
济南	2021-12-22	21.1	2022-02-24	3.7	65	−17.4
郑州	2021-12-23	17.6	2022-02-21	3.9	61	−13.7
北方省会平均					114.7	−13.6

注：初、终日距平负值表示日期提前，正值表示日期推迟；采暖期长度距平负值表示缩短，正值表示延长。

(2)采暖期长度。2022 年北方地区大部分地区由于采暖初日偏晚、采暖终日偏早,导致平均采暖期长度偏短(表 3.5.1)。北方地区平均采暖期长度为 138.1 天,较常年约少 9 天。2022 年北方大部分省会城市采暖期较常年同期有所缩短,其中西宁、天津、石家庄缩短 28～36 天;呼和浩特较常年同期延长约 1 天,采暖期长度为 155 天。1961—2022 年北方地区平均采暖期长度变化整体呈缩短趋势,1961—1995 年北方地区平均采暖期长度较长,1996—2022 年大多数年份北方地区平均采暖期长度较常年偏短,其中,2022 年较常年平均长度偏短 9 天(图 3.5.2)。

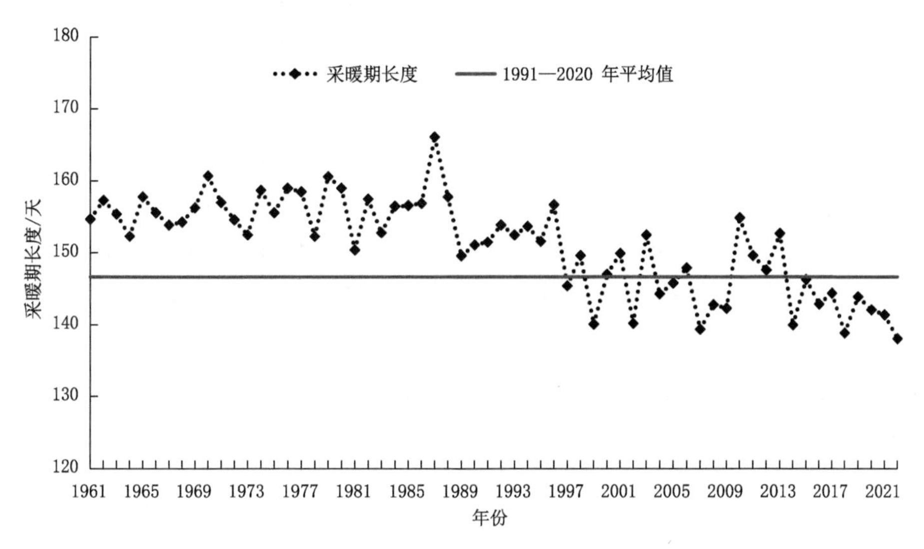

图 3.5.2 1961—2022 年北方地区平均采暖期长度变化

(3)采暖度日。2022 年北方地区采暖季平均气温偏高,采暖期偏短,采暖需求减少。2022 年北方地区采暖度日总量为 1415 ℃·日,较常年偏少 68.7 ℃·日(图 3.5.3)。1961—2022 年北方地区采暖度日总量变化整体呈下降趋势,1961—1988 年采暖度日总量较常年偏高,

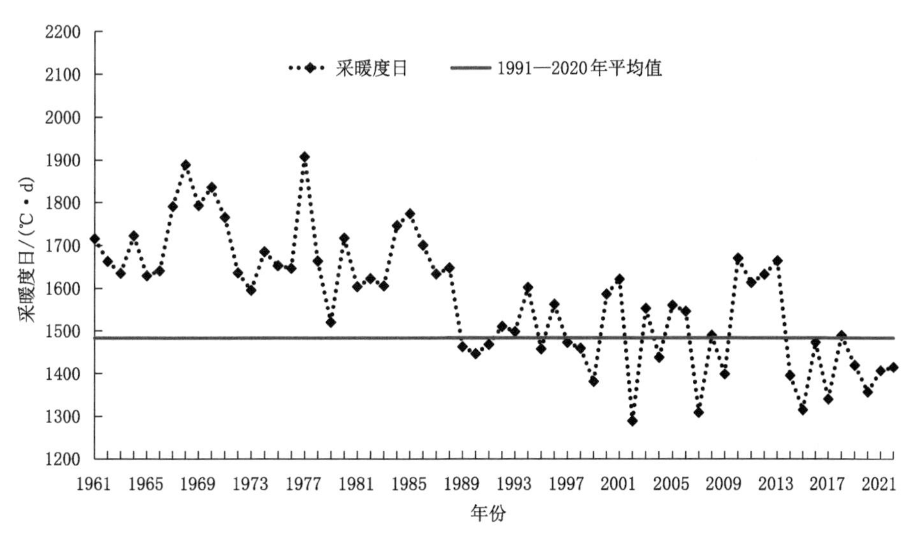

图 3.5.3 1961—2022 年北方地区采暖度日总量变化

1989—2022 年采暖度日在常年值附近波动，自 2014 年以来大部分年份采暖度日数均在常年值以下。

3. 温度变化对北方冬季采暖影响评价

(1)单站采暖耗能。表 3.5.2 显示，2021 年 12 月，北方省会城市气温均较常年偏高，乌鲁木齐、天津、济南、沈阳、郑州、石家庄、长春较常年偏高 2 ℃及以上，其中，长春较常年同期偏高 9 ℃左右；由于北方地区气温偏高，采暖耗能呈整体降低的趋势，沈阳、北京、天津、长春、石家庄采暖耗能降幅超 15%，其中长春和石家庄降幅分别为 50%和 85%左右。

2022 年 1 月，北方省会城市除哈尔滨外气温均较常年同期偏高，呼和浩特、银川、西宁、乌鲁木齐较常年偏高 2 ℃以上，采暖耗能减幅显著，其中天津、兰州、济南、郑州、乌鲁木齐、银川、乌鲁木齐、西宁采暖耗能降幅为 15%～20%。

2022 年 2 月，北方省会城市气温均较常年偏低，其中，西宁、呼和浩特分别偏低 2.3～3.2 ℃；采暖耗能均增加，其中济南、石家庄、北京、太原、呼和浩特、西宁、兰州增幅为 21%～30%。

从 2022 年冬季主采暖期来看，呼和浩特和哈尔滨平均气温均较常年同期偏低 0.3～0.6 ℃，采暖耗能增幅分别约为 4%和 3%；其他大部分北方地区省会城市平均气温均较常年同期偏高，采暖耗能减少，其中乌鲁木齐、天津、长春、石家庄降幅为 10%～24%。

表 3.5.2　2021/2022 年冬季北方部分站点月气温距平(单位:℃)和采暖耗能变率(单位:%)

站点	12月		1月		2月		主采暖期	
	气温距平	耗能变率	气温距平	耗能变率	气温距平	耗能变率	气温距平	耗能变率
哈尔滨	1.59	−7.00	−1.39	5.80	−1.85	9.69	−0.55	2.83
乌鲁木齐	1.99	−14.44	3.21	−17.50	−0.20	1.39	1.67	−10.18
西宁	1.10	−10.40	2.54	−19.57	−2.31	26.13	0.44	−1.28
兰州	0.61	−8.12	1.66	−15.44	−1.76	29.75	0.17	2.07
呼和浩特	0.06	−1.55	2.12	−12.28	−3.19	25.78	−0.34	3.98
银川	0.94	−9.72	2.39	−18.15	−1.54	17.78	0.60	−3.36
石家庄	3.15	−84.95	0.74	−9.30	−1.03	21.61	0.95	−24.21
太原	0.81	−9.14	1.36	−12.52	−1.78	25.13	0.13	1.16
长春	9.08	−49.32	0.78	−3.85	−0.65	3.66	3.07	−16.50
沈阳	2.43	−18.26	1.20	−7.33	−1.18	9.94	0.82	−5.22
北京	1.55	−23.69	0.50	−5.21	−1.47	25.00	0.19	−1.30
天津	2.05	−33.34	1.33	−14.78	−1.03	17.06	0.78	−10.35
济南	2.09	—	1.11	−15.57	−0.83	20.93	0.79	2.68
郑州	2.61	—	0.86	−16.54	−0.08	1.67	1.13	−7.43

注：—表示数据缺失。

(2)区域采暖耗能。冬季(2021 年 12 月至 2022 年 2 月)，北方 15 省(区、市)冬季采暖耗能评估结果显示(图 3.5.4)，除甘肃、吉林、黑龙江、青海外，大部分地区气温均较常年同期偏高，采暖耗能较常年同期下降，其中山东、河南、新疆、河北、天津 5 省(区、市)气温偏高 0.5 ℃及以上，采暖耗能降幅较为明显，有6%～14%。

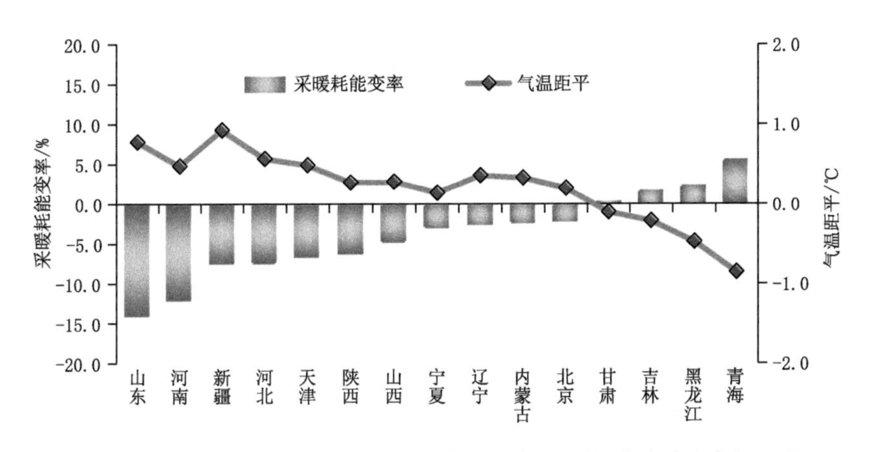

图3.5.4 2021/2022年冬季北方15省(区、市)采暖耗能变率和气温距平

从冬季各月来看，2021年12月，北方15省(区、市)气温均高于常年同期，其中河北、辽宁偏高超过2.0 ℃；采暖耗能也均有所减少，其中北京、河北、天津、山东、河南较常年同期减少25%～50%。2022年1月，北方大部地区气温较常年同期偏高，采暖耗能降低，其中新疆、宁夏、山西、陕西、甘肃、内蒙古、山东、河北气温均偏高1.0 ℃以上，采暖耗能降幅为7%～23%；吉林、黑龙江气温较常年同期偏低，采暖耗能增幅分别为1%和4%。2月，北方15省(区、市)气温均低于常年同期，采暖耗能较常年同期增加3%～34%。

二、气候对夏季降温耗能的影响

2022年夏季，全国大部地区气温较常年同期偏高，降温耗能相应较常年同期增加。据电力部门统计，2022年夏季全国用电量为24295亿千瓦时，其中6月、7月和8月用电量分别为7451亿千瓦时、8324亿千瓦时和8520亿千瓦时，分别同比增长4.7%、6.3%和10.7%。

6月，有20个省会城市平均气温较常年同期偏高，其中郑州、南京、兰州、合肥、太原、乌鲁木齐、上海、济南偏高2.0～4.3 ℃；受气温偏高影响，降温耗能普遍增加，其中呼和浩特、郑州、南京、银川、太原、兰州降温耗能增幅为157%～318%。广州、南宁、福州、哈尔滨、沈阳平均气温较常年同期偏低，降温耗能不同程度减少，其中哈尔滨和沈阳降温耗能分别减少35%和101%。

7月，大部分省会城市平均气温较常年同期偏高，其中南京、南昌、上海、杭州、重庆等地偏高2.0～3.3 ℃，气温偏高导致降温耗能普遍增加，其中哈尔滨、重庆、兰州、贵阳等地降温耗能增幅尤为显著，为80%～120%。石家庄、济南、太原气温较常年同期偏低，降温耗能减少10%～53%(图3.5.5)。

8月，有18个省会城市平均气温较常年同期偏高，降温耗能增加，其中武汉、南京、杭州、南昌、重庆气温偏高3.0～6.4 ℃，降温耗能增幅为80%～148%；其余8个省会城市气温均较常年同期偏低，其中长春、哈尔滨、沈阳偏低0.7～1.1 ℃，降温耗能减幅为64%～83%。

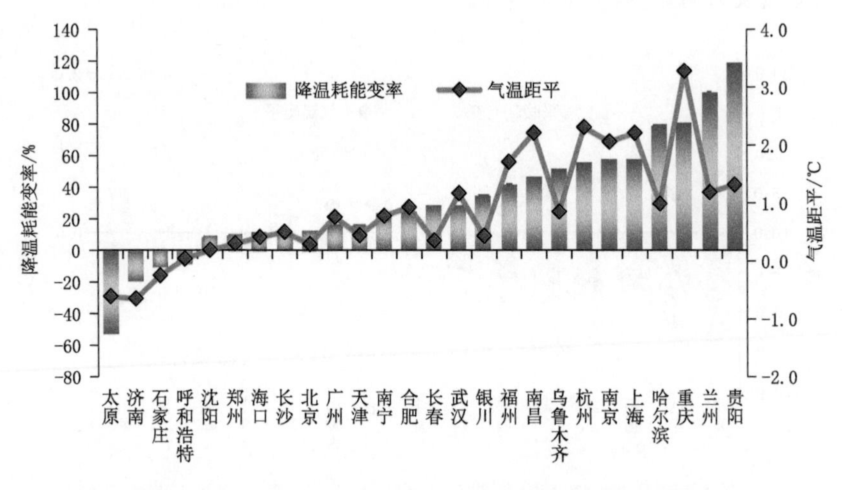

图 3.5.5 2022 年 7 月主要城市降温耗能变率和气温距平

第六节 气候对人体健康的影响

2022 年,全国平均舒适日数 130.9 天,接近常年。春秋两季舒适日数较常年同期偏多,夏季舒适日数接近常年同期,冬季舒适日数较常年同期偏少。冬季或冷暖季节交替时期,气温起伏大会造成人体血管收缩、血压波动,心梗发生的可能大幅提升;夏季为 1961 年以来综合强度最强,高温热浪事件导致心衰、冠心病和中暑风险升高。

一、舒适日数基本特征

1. 年舒适日数

2022 年,全国平均舒适日数 130.9 天,接近常年(134.9 天)(图 3.6.1)。东北大部、内蒙古东北部、华北大部、黄淮、江淮、江汉大部、江南北部和西部及陕西大部、重庆、贵州大部、广西北部、四川中部、新疆大部、西藏西北部和中部等地舒适日数较常年偏少,其中华北东北部和西南部、黄淮西部、江淮大部、江汉大部及陕西大部、四川东北部和中部、贵州中部、新疆西南部等

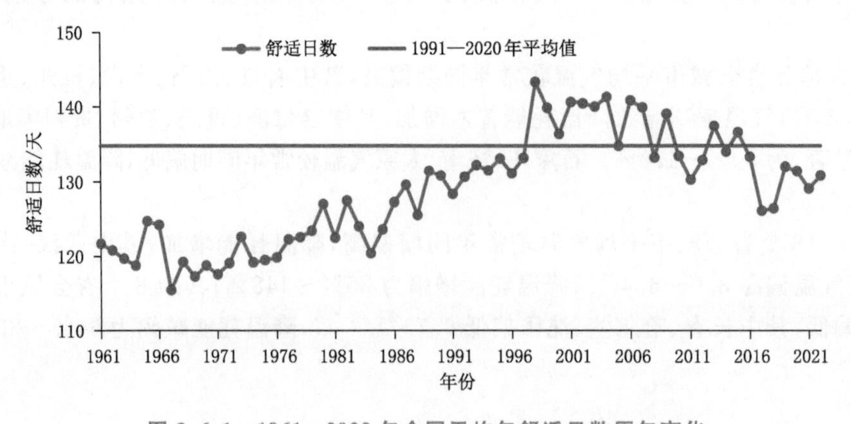

图 3.6.1 1961—2022 年全国平均年舒适日数历年变化

地偏少 10～30 天，局部偏少 30 天以上；全国其余地区较常年同期偏多，江南东南部及青海北部、西藏东南部等地偏多 10～30 天，局地偏多 30 天以上(图 3.6.2)。

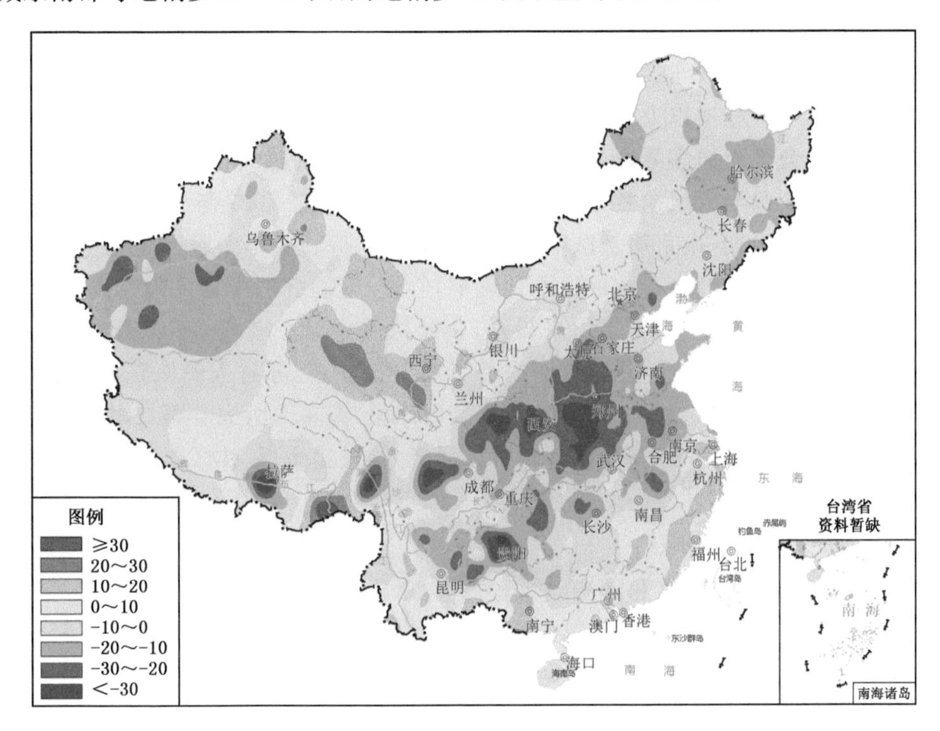

图 3.6.2 2022 年全国年舒适日数距平分布(单位:天)

2. 四季舒适日数

(1)冬季舒适日数较常年同期偏少。2021/2022 年冬季，全国平均舒适日数有 20.9 天，较常年同期(24.7 天)偏少 3.8 天。新疆大部、西藏东北部和中南部、甘肃东南部、四川西北部、贵州中部、陕西大部、山西大部、河北东北部和西南部、河南西部等地舒适日数较常年同期偏少 5～20 天，局地偏少 20 天以上；黄淮大部、江淮大部、江汉东部、江南东北部等地偏多 5～20 天，局地偏多 20 天以上；全国其余地区舒适日数接近常年同期。

(2)春季舒适日数较常年同期偏多。2022 年春季，全国平均舒适日数有 32.0 天，较常年同期(29.6 天)偏多 2.4 天。全国大部地区舒适日数接近常年或偏多；其中，江淮南部、华南大部及浙江大部、新疆大部、湖北东部等地舒适日数较常年同期偏多 5～10 天，局地偏多 10 天以上。

(3)夏季舒适日数接近常年同期。2022 年夏季，全国平均舒适日数有 48.5 天，较常年同期(50.1 天)偏少 1.6 天。东北大部、华北西南部和东南部、黄淮大部、江淮、江汉、江南北部和西部及陕西大部、重庆大部、四川东部、贵州大部、新疆西南部等地舒适日数较常年同期偏少 5～20 天；青海北部、四川西部、西藏东部等地舒适日数较常年同期偏多 5～20 天，局地偏多 20 天以上；全国其余地区接近常年同期。

(4)秋季舒适日数较常年同期偏多。2022 年秋季，全国平均舒适日数有 31.3 天，接近常年同期(30.5 天)。内蒙古中部和西部、江南中部和东部及广东东北部、广西西部等地舒适日数较常年偏多 5～20 天；新疆中部局部、河南中部、安徽东北部、海南西部等地偏少 5～20 天，其余地区接近常年。

二、气候对人体健康的影响

寒潮或冷空气来袭与季节交替时期，气温起伏大，都会造成人体血管收缩、血压波动，心梗发生的可能大幅提升。2022 年 2 月下旬，厦门气温下降明显，前往医院就诊的心血管疾病患者比平时明显增多，除 60 岁以上老人外，还有不少青壮年。2022 年 11 月底以来，台州迎来寒潮，气温大幅降低，急性心肌梗死发生率增加，台州市中心医院每天都有不少心梗患者到医院接受治疗；仅 12 月 1 日当天就抢救了 7 位急性心梗发作患者。2022 年 12 月以来，气温骤降，心脑血管疾病进入高发期，南京明基医院急诊科半日收治 5 位脑卒中、1 位心梗患者。

夏季高温天气对人体健康造成一定不利影响，心衰、冠心病和中暑风险升高。2022 年，我国高温热浪事件综合强度达 1961 年以来最强，多地医院中暑患者增多。7 月，浙江大学医学院附属第二医院几乎每天都有十几名重症中暑者需要抢救；江苏省人民医院心内科就诊量增加，心衰和冠心病患者增多。7 月 10—14 日，5 天时间里，海军军医大学第二附属医院（上海长征医院）急诊接诊 20 余位中暑患者，包括高龄独居老人、外卖小哥、社区志愿者等，其中 6 位患者中暑严重，发展到热射病。

第七节　气候对交通的影响

一、气候对交通运营的影响

2022 年，全国大部分地区交通运营不利日数（10 毫米以上降水、雪、冻雨、雾及扬沙、沙尘暴、大风）有 20～60 天，其中江南大部、华南大部及吉林东南部、黑龙江西北部、内蒙古东北部和西部、新疆东部和南部局地等地超过 60 天（图 3.7.1）。

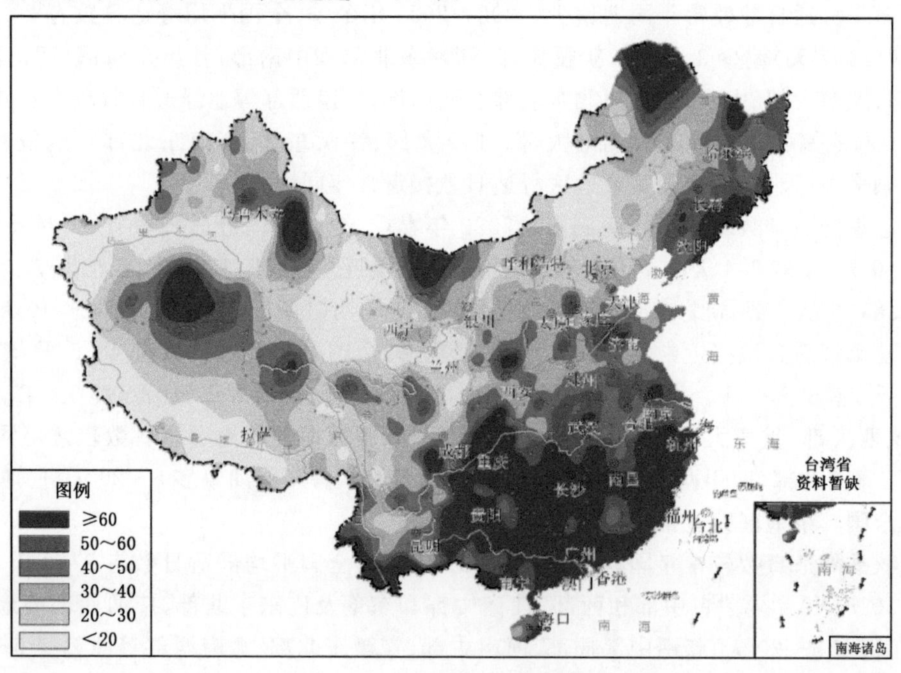

图 3.7.1　2022 年全国交通运营不利日数分布（单位：天）

与常年(1991—2020 年)相比,除西藏大部、青海中部、新疆中部、内蒙古中部、安徽南部等地交通运营不利日数偏少外,其余全国大部均偏多,其中东北大部、华北南部、黄淮大部、江淮西北部、江汉大部、华南大部及内蒙古东北部和西北部、陕西东部、重庆、四川东北部、贵州大部、新疆北部和南部局部等地交通运营不利日数偏多 10～20 天,局部偏多 20 天以上(图 3.7.2)。

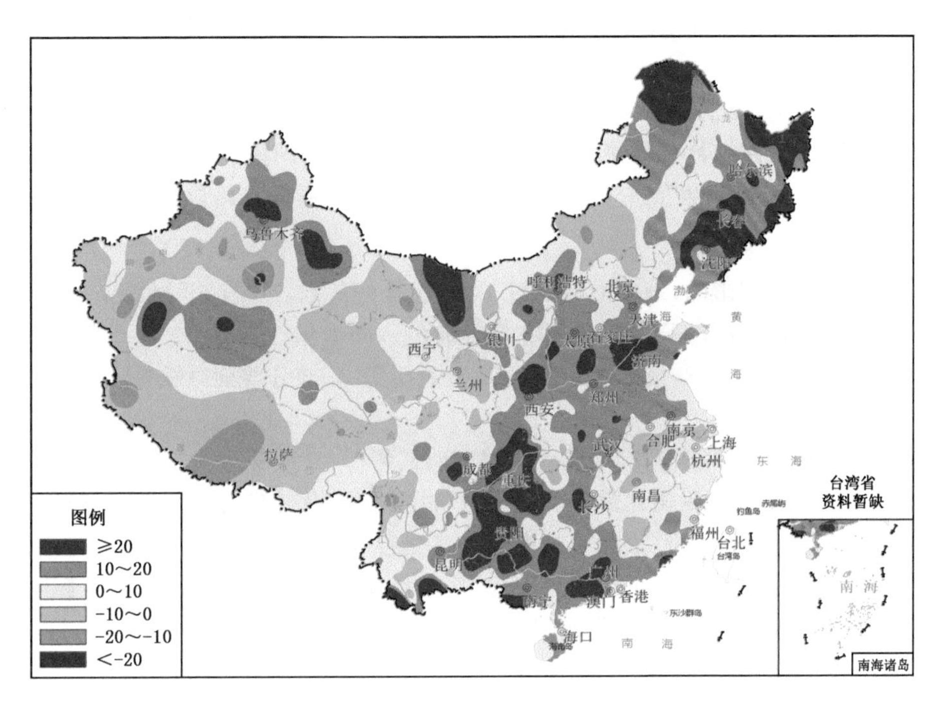

图 3.7.2 2022 年全国交通运营不利日数距平分布(单位:天)

二、气候对交通影响事例

2022 年,大雾、雨雪冰冻、台风、暴雨、强对流、大风、沙尘等不利天气给居民出行、交通运输等造成较大影响。

1. 大雾

1 月 22—23 日,受降雪结冰及大雾影响,河北、山西、山东、河南、湖北、陕西、甘肃、新疆境内 90 多条高速公路,共计 100 多个路段封闭。4 月,受大雾影响,江苏、湖南、四川、重庆、安徽、湖北、上海、河南、山东、山东等地约 295 条路段受大雾影响发生阻断。5 月,湖南、湖北多条高速公路部分路段采取临时关闭收费站入口的措施。10 月 22 日,受大雾影响,江苏、山东境内 51 条路段(涉及 28 条高速公路)封闭。10 月 23 日,受大雾影响,天津、江苏境内 27 条路段(涉及 16 条高速公路)封闭。

2. 雨雪冰冻

1 月 25—29 日,受降雪及路面结冰影响,浙江、安徽、山西、河南、湖北、湖南、四川、贵州、新疆境内共计 68 多条高速公路 79 多个路段封闭,武汉天河机场取消合并航班 100 多架次。2 月 5—6 日,受降雪影响,路面积雪结冰,青海省 G0611 张汶高速公路平阿路段、G6 京藏高速公路马平路段、G0612西和高速公路南绕城路段等多条高速公路实行交通管制。2月，暴雪导致浙江部分高速公路关闭，江苏部分高速公路路段采取限速、限制车型等管制措施，安徽境内20多条高速公路约80个入口临时封闭，湖南全省15条高速公路、共108个收费站入口对部分车型采取限行措施；雨雪过程还造成福建连城县部分道路塌方，滇东北、滇东、滇中多条高速公路封闭，云南共有11趟列车停运。3月16—18日，雨雪天气导致京藏内蒙古段、京新内蒙古段、包茂等高速公路出现封闭或限行。首都地区环线高速双向北京段全线封闭，北京公交集团共计130条线路采取临时措施。4月上旬，降雪过程导致的路面积雪或结冰造成新疆、青海、甘肃、黑龙江、山西、云南等地累积约164条路段发生阻断。

11月底，降雪、道路结冰导致黑龙江、内蒙古、陕西、湖北、湖南、贵州、四川等地共66条高速公路路段发生阻断，影响里程5800千米，新疆塔城和阿勒泰部分路段实行交通管制。

3. 台风

8月，受台风"木兰"影响，琼州海峡9日14时起全线停航，10日23时起恢复客滚运输航线渡运。10日08时前，湛江吴川机场所有航班取消。高铁湛江西站10日动车组全部停运，11—14日部分车次停运。23—26日，广东多地交通受影响，部分普列高铁停运、高速客轮渡口渡船和水上巴士停航。

9月14—16日，受台风"梅花"影响，山东省烟台、青岛、日照等城市街道严重积水，部分地区出现山体滑坡，交通严重受阻。暴雨大风导致济南、滕州等火车站旅客列车停运180余辆，烟台多条高速公路封闭或限行，烟台长岛海域水路交通全线停航。浙江省宁波、舟山、台州、嘉兴等多个城市道路出现积水，交通受阻，部分地区陆路交通停运。受台风"梅花"影响，长三角多个机场的航班取消，其中南航取消36架次航班。

4. 暴雨和强对流

4月中下旬，受区域性暴雨过程及强对流天气影响，河南、河北、山西、四川、重庆、湖南、湖北、江西等地约419条路段发生阻断。5月，受暴雨天气影响，四川境内多条高速公路路段收费站关闭，湖南省内多条高速公路部分路段收费站入口实行临时交通管制，张家界境内G5515张南高速公路张桑段K63双向阻断。6月，华南地区多地大暴雨或特大暴雨，广州白云机场进出港航班多次大面积延误或取消，仅6月6日一天取消航班数量就达到374架次；江西、福建境内多条铁路线运行受阻；广东英德多地出现内涝、停水、停电以及通信信号中断等问题，G220国道部分路段发生边坡塌方，导致交通中断；北京首都机场、大兴机场因持续性雷雨天气共有223架次航班被取消；成都双流、成都天府两个机场受到影响的航班达上百架次；山东青岛、济南、烟台等地大量航班取消；北京怀柔—密云线、通密线列车全部临时停运。

9月上中旬，青海青南牧区、东部农业区出现多次降水天气，致使G310、G338、G227、S206等多处路段积水、塌方，G109、G227、G213、S102路段发生泥石流、山体滑坡灾害，导致该区域路段实行交通管制，多处路段交通中断。10月，受降水及地质灾害的影响，陕西、山西、河南、河北、山东、重庆、四川等地共358条路段发生阻断，累积阻断里程达到5622千米。

5. 大风和沙尘

4月，受中下旬沙尘过程影响，新疆、内蒙古、辽宁等地27条路段发生阻断。10月1—2日、3—5日、9—11日，烟台至大连航线受大风影响临时停飞。11月，大风造成山东烟台和威海、上海崇明、江苏镇江、浙江宁波和舟山、广东江门和珠海、广西北海等地水上航运全线停航。

12 月 11—13 日，内蒙古大部、甘肃西部和北部、青海西北部、宁夏、陕西中北部、山西、河北、北京、天津、山东、黑龙江西南部、吉林、辽宁、新疆南疆盆地等地出现扬沙或浮尘天气，其中内蒙古中西部出现沙尘暴和局地强沙尘暴天气。该沙尘暴天气过程造成一些区域能见度较低，交通事故频发。

第四章　2022 年各省(区、市)气候影响评价摘要

北　京　2022 年,全市年平均气温为 11.8 ℃,与常年持平,秋季气温略偏高,其他季节气温均接近常年同期。全市平均年降水量为 492.9 毫米,较常年同期(551.3 毫米)偏少 1 成,冬季降水偏多,春季降水偏少,夏季降水接近常年同期,秋季降水显著偏少。平均年日照时数为 2537.6 小时,接近常年(2413.7 小时)。2022 年北京地区(以观象台为代表站)高温日数显著偏多,大风日数、沙尘日数和雾日数均偏少。高影响天气主要有强对流、高温、寒潮、大风和降雪等。6 月,通州、密云、平谷、昌平等多区出现降雹等强对流天气;6—8 月,出现多次覆盖范围广、持续时间长、强度高的高温天气过程,多个站的日最高气温突破历史同期极值;3 月、10 月和 11 月,出现多次寒潮天气过程,多个站达到特强寒潮等级,多个站的日最低气温突破建站以来同期极值;2 月、3 月、9 月和 11 月,多次出现大风天气过程,多个站点的极大风速突破历史同期极值;2 月和 3 月的降雪天气过程中,多个站达到暴雪量级。气候条件对冬小麦生长发育及产量总体有利,对玉米的生长发育及产量弊大于利;气候条件有利于水库蓄水;夏季高温天气对北京电力负荷和水力供应产生较大影响;降雪、暴雨和冰雹等对北京地区造成了不同程度的交通中断和气象灾害。

天　津　2022 年,全市年平均气温 13.4 ℃,较常年偏高 0.3 ℃,各季平均气温均较常年偏高,偏高幅度 0.4～1.1 ℃。平均年降水量 589.9 毫米,较常年偏多 1 成,春、秋季降水较常年偏少,夏、冬季降水较常年偏多。年日照时数 2727.0 小时,较常年偏多 324.8 小时,各季日照时数均较常年偏多,偏多幅度为 47.7～123.7 小时。年内,主要天气气候事件有:低温寒潮、区域性暴雨、区域性高温、大风、雪、雾、霾和冰雹等。夏季区域性高温持续导致电网最大负荷创历史新高;区域性暴雨引起城市内涝,影响交通出行;夏秋两季历史最热,“秋老虎”后程发威;“雪后雾”导致高速公路封闭,交通出行受阻;全市霾日为 21 世纪以来历史最低值;温暖湿润的 11 月对秋种非常有利;初春大风天气引起全域性的扬沙天气;优异的气候资源助力夏粮丰收。总体上,2022 年气象灾害对本市农业、交通、人体健康等诸多方面均造成不同程度的影响;全年气象条件对农业生产总体有利,为丰产年。

河　北　2022 年,全省年平均气温 12.6 ℃,较常年(12.2 ℃)偏高 0.4 ℃。冬春秋三季气温均偏高,夏季接近常年。全省平均年降水量 569.3 毫米,较常年(505.6 毫米)偏多 12.6%。春季降水偏少,夏季降水偏多,秋季和冬季降水接近常年,降水时段主要集中在 6 月中旬至 8 月下旬和 10 月上旬。全省年平均日照时数 2488.3 小时,较常年(2417.0 小时)偏多 71.3 小时,冬季日照时数偏多,春夏秋季接近常年。年内主要气象灾害有高温、暴雨、干旱、寒潮、雾和霾、大风沙尘、冰雹、强降雪、干热风等。高温日数偏多,6 月中下旬和 8 月上旬出现极端高温;气象干旱整体偏轻,较常年偏少 3 成以上,7 月中旬至 11 月上旬,张承地区出现持续性干旱;暴雨总体偏多,强降水时段提前,六下七上降水高于七下八上盛汛期降水,秋季暴雨异常偏多,

过程影响范围总体偏小,但强度大;寒潮日数异常偏多,秋季寒潮过程频发;大雾和霾日数偏少,霾日数为近 10 年以来最少;大风天气偏多,沙尘显著偏少,春季出现大范围大风沙尘天气;冰雹显著偏少,为近 3 年最少;降雪日数偏少,1 月中下旬、2 月中旬、3 月中旬出现大范围雨雪天气;年干热风站次数较常年偏多。总体而言,2022 年河北省气象灾害损失程度为近 10 年最低,气候年景属于较好年份。

山　西　2022 年,全省年平均气温为 10.8 ℃,较常年偏高 0.6 ℃,四季气温均偏高,偏高幅度在 0.3～0.6 ℃,其中夏、秋季气温均为 1961 年以来同期第三高。全省平均年降水量为 558.3 毫米,较常年偏多 16.4%,其中夏季全省平均降水量为 369.1 毫米,较常年同期偏多 35.0%,冬、春、秋季分别偏少 4.5%、6.4%、8.9%。全省年日照时数 2446.3 小时,较常年略偏多 41.0 小时,冬季日照时数 549.2 小时,较常年偏多 40.8 小时,其余各季日照时数接近常年。给全省人民生活和工农业生产造成影响的主要天气气候事件是沙尘、暴雨洪涝、高温和寒潮。全省平均大风日数为 9.1 天,为 2011 年以来第三多;全省平均沙尘日数为 5.5 天,为 2011 年以来次多。总体来看,春季风沙天气多,影响范围大。春末秋初的降温天气致使农作物遭受低温冷害。全省平均≥35 ℃高温日数 10.1 天,较常年同期偏多,为 2011 年以来次多。夏季前期高温天气较多,中后期较少。夏初持续高温天气,致使部分地区出现旱象。全省平均暴雨日数为 1.4 天,较常年偏多 0.7 天,为 1961 年以来第三多;3 月、6—11 月均有暴雨出现,主要出现在 7 月和 8 月。夏秋季,强对流天气频发,对农业生产及人们生活造成严重损失。年内出现的灾害性天气给人民生活和农业生产造成了不利影响。

内蒙古　2022 年,全区年平均气温为 5.8 ℃,较常年偏高 0.3 ℃,为 1961 年以来第 11 高;春、秋季全区平均气温偏高,冬、夏季正常。全区平均年降水量为 314.5 毫米,较常年偏多 2.9%(9.5 毫米),降水冬、夏季偏多,春、秋季偏少。全区平均日照时数为 2891.6 小时,较常年偏少 47.8 小时,为 1961 年以来同期第九少。天气气候事件和气象灾害主要有:春季共出现 6 次沙尘过程,影响范围广、强度较强,导致部分地区遭受不同程度损失;春末夏初中西部地区发生阶段性干旱,6 月中旬高温叠加效应致使干旱程度加重,部分地区出现特旱,导致部分地区农田无法耕种,草场牧草未返青或返青后枯死;春末和夏末出现低温冷害和霜冻,致使农业生产受损;春季和秋季部分地区发生雪灾,导致农牧业设施和基础设施受损;汛期对流性天气系统活跃,降水偏多、极端性强,暴雨洪涝、冰雹及大风灾害频繁发生,对当地群众的生命财产安全产生了极大威胁,并导致社会生产和基础设施遭受了重大损失;11 月末受连续两次全区型寒潮过程影响,大部地区气温出现断崖式下降,部分地区降温幅度达 20 ℃以上,呼伦贝尔出现极寒天气,最低气温达−42.7 ℃(恩和站),黄河内蒙古段首凌至首封仅用 1 天,为历史间隔最短。总体来看,2022 年全区农牧业气候属于正常年景。

辽　宁　2022 年,全省年平均气温为 9.2 ℃,比常年(9.0 ℃)偏高 0.2 ℃,其中春、秋季气温均偏高(11 月气温为近 42 年同期最高),夏季气温偏低。全省平均年降水量 892.1 毫米,比常年偏多 38.6%,为 1951 年以来第四多(低于 2010 年、1964 年和 1953 年),其中夏、秋季降水偏多,冬、春季偏少。全省平均年日照时数为 2457 小时,比常年偏少 93 小时,其中冬、春季日照时数偏多,夏、秋季偏少。全省共出现暴雨过程 21 次,比常年偏多 5 次,为 1961 年以来历史最多,其中夏季出现 16 次,为 2006 年以来历史同期最多。汛期,辽河、绕阳河等多河流域平均降水偏多,绕阳河流域降水量创纪录。8 月 1 日,绕阳河盘锦段出现溃口,造成附近高速公路淹没。台风“梅花”于 9 月 16 日在大连市金普新区登陆,为 1949 年以来登陆辽宁最晚的台风。

10月3—6日出现寒潮天气，全省平均最大降温幅度达16 ℃，为1961年以来同期最强寒潮过程，使全省初霜期较常年同期偏早。11月出现两次强雨雪过程，其中11—12日为区域性暴雨雪过程，抚顺北部、铁岭地区最大积雪深度达5～12厘米。雨雪过程有助于农田自北向南陆续封冻，冬季形成较厚的冻土层，利于早春维持良好墒情。2022年，全省遭受的主要气象灾害有：暴雨、台风、暴雪、寒潮、高温、大风和冰雹。总体来看，2022年具有气象灾害种类多、极端性强的特点，全省气候年景属于一般年份。

吉　林　2022年，全省总的气候特点为：气温略高，降水明显偏多，日照略多。全省年平均气温为5.9 ℃，较常年同期略偏高，11月气温偏高明显（偏高2.2 ℃）。全省平均年降水量为823.1毫米，突破历史极值，较常年偏多33.1%，其中3月、6月和11月较常年多1倍以上，1月和2月偏少4～6成。全省平均日照时数为2446小时，较常年略偏多。农作物生长季（5—9月）气温略低，降水偏多，较好地满足农作物生长需求。2022年出现暴雨天气过程12次，主要集中出现在6—9月。7月6—8日和9月15—17日，两次台风影响全省。受暴雨和台风影响，多地出现洪涝灾害，造成农作物过水倒伏、房屋和基础设施损毁等。春季阶段性少雨，4月23日至5月23日全省平均降水量为19.9毫米，较常年少63.4%，为历史同期少雨的第一位，中西部出现旱情。大风和沙尘站日数较常年偏多，其中大范围大风沙尘天气有24天，极大风速≥20米/秒的天气站日数为历史第二多（仅次于2017年）。大风造成局部地方大棚、民房和基础设施等受损。大雾为1117站日，较常年偏多，为历史第四位，突破1976年来多雾站日数极值。大范围（≥10县市）大雾天气有33天，主要出现在3月、7—9月和11月。大雾天气致使能见度下降，影响人们出行和交通运输。总体来说，2022年极端天气气候事件频发，暴雨、大风、沙尘、大雾偏多，寒潮略少，冰雹、高温和低温日数偏少。

黑龙江　2022年，全省年平均气温3.6 ℃，较常年略偏高0.3 ℃，其中冬季偏低，春、秋季偏高（秋季偏高0.7 ℃，为1961年以来历史同期第六高），夏季正常。全省平均年降水量为563.8毫米，较常年略偏多2%，其中冬季略少，春季偏多，夏、秋季正常。主要天气气候事件有：2—3月出现多次大范围降雪，其中2月中旬全省平均降水较常年同期偏多193%，为1961年以来历史同期第三多；2月末全省平均最大积雪深度为18.6厘米，较常年同期偏多5.1厘米，为1961年以来历史同期第六多。4月大风频发，风速和大风日数高于常年；初夏风雹灾害使多地农田受灾；7月多地发生暴雨洪涝灾害，12日，黑河市五大连池局地发生短时强降水，引发山洪，造成6人死亡，2人失踪，多间房屋倒塌、损坏，大面积耕地绝收；13—14日和24日哈尔滨强降雨天气引发部分地区内涝、农田被淹和房屋损坏，造成较大经济损失。8月受东北冷涡影响，气温整体偏低，下旬气温为1961年以来历史同期第一低，多站气温突破历史极值；9月5—7日和15—18日，分别受2次台风外围云系影响，全省出现较大范围暴雨过程。秋末气温偏高，各大河流封江较晚，11月气温偏高1.8 ℃，为1961年以来历史同期第九高。各大河流封冻日期普遍较常年偏晚。12月12—14日出现强寒潮天气，多地出现大幅降温，部分地区72小时最低气温下降幅度均超过了17 ℃，其中，庆安72小时降温幅度达20.8 ℃。

上　海　2022年，全市年平均气温为17.7 ℃，比常年偏高0.8 ℃，为1961年以来历史同期第三暖年，其中夏季气温为29.2 ℃，比常年同期偏高2.2 ℃，居历史同期最高；春季气温为16.6 ℃，比常年同期偏高1.3 ℃，居历史同期第三高，冬季和秋季气温略高。全市平均年降水量为1086.8毫米，较常年偏少1成，其中冬季和夏季降水分别偏少4成和4.8成；春季降水偏多4成；秋季降水偏多2成。年日照时数1829小时，比常年同期略偏多，其中，夏季日照时数偏多,冬季和春季日照时数略多,秋季日照时数偏少。年内主要气象灾害有暴雨、台风、雷雨大风、雷电、寒潮大风、低温冷害和高温。暴雨主要以局地性强降水为主。2022 年 7—9 月有 3 个热带气旋相继影响上海地区造成灾害。台风“轩岚诺”和“梅花”影响较大,全市受灾人口 42.9 万人,农作物受灾面积约 4193.5 公顷。对交通、供电等造成不利影响,直接经济损失约 7129.2 万元。2022 年上海市汛期发生雷雨大风致灾事件 28 起,雷击致灾事件 18 起,雷电、大风、冰雹对供电设施和交通产生不利影响。受冷空气影响,上海共出现 10 次寒潮大风。其中 1 月 4 日、2 月 4 日,寒潮低温天气造成道路结冰,至少引起了 46 起事故,影响了 6 条车道的交通。2022 年 7 月 5 日至 8 月 23 日上海出现多轮持续性高温,高温日数高达 44 天。其中 7 月 13 日极端最高气温达 40.9 ℃,平历史最高纪录(2017 年),8 月日最高气温≥40.0 ℃(5 日、10—11 日、19 日)高达 4 天,平历史同期最多纪录(2013 年)。持续高温使上海地区出现用电新高峰,7 月 15 日全市最高用电负荷达 3689 万千瓦,创上海最高用电负荷新纪录。全年因气象灾害造成约 42.9 万人受灾,1 人死亡,紧急避险和安置转移人员 42.6 万人,农作物受灾面积约 4193.5 公顷,直接经济损失约 7129.2 万元。总体来看,上海市 2022 年属气象灾害较轻年份。

江　苏　2022 年,全省年平均气温 16.7 ℃,较常年偏高 1.0 ℃,为历史次高(仅低于 2021 年 16.8 ℃),空间分布为南高北低,其中,春季气温明显偏高,夏季异常偏高,秋、冬季正常略高,12 月显著偏低。全省平均年降水量为 540.1 毫米,较常年偏少 1.8 成,时空分布不均,其中,春季降水正常偏少,冬、夏季偏少,秋季偏多;全省年日照时数正常略偏多,其中,冬、春、夏季和 12 月日照时数偏多,秋季偏少。主要天气气候事件有:夏季高温强度为 1961 年来罕见;全省出现较重春夏连旱;6 月下旬至 7 月上旬短时强降水、雷暴大风、局地冰雹和龙卷等强对流天气过程多发;早春气温创历史新高;国庆假期出现罕见高温;梅雨非典型性特征明显;台风“梅花”过境带来强风暴雨;11 月末强寒潮波及全省。灾害性天气主要有寒潮、暴雨洪涝、低温雨雪、强对流、台风、高温、干旱、雾和霾等。全省共有 13.1 万人次不同程度受灾,因灾受伤 58 人,死亡 4 人,农作物受灾面积约 1.95 万公顷,灾害造成的直接经济损失约 7.4 亿元,其中,农业经济损失约 5.8 亿元。从灾情分析来看,因高温干旱、强对流、台风等造成的人民生命财产、农业经济损失和直接经济损失严重。2022 年全省主要农作物、旅游、水环境及交通行业气候年景较好,而特色农业种植、水资源等气候年景则较差。综合评价,2022 年总体气候特征是温高雨少,气候年景较差。

浙　江　2022 年,全省年平均气温 18.4 ℃,较常年偏高 0.8 ℃,为 1951 年以来第三高,其中 3 月、7 月、8 月和 11 月平均气温破历史最高纪录;全省平均高温日数 53 天,比常年偏多 27.5 天,破历史最多纪录;全省平均年降水量 1395.3 毫米,较常年偏少约 1 成;全省平均日照时数 1679.9 小时,较常年偏少 27.6 小时。全年高影响天气气候事件有:台风“轩岚诺”和“梅花”影响浙江东北部,其中台风“梅花”为新中国成立以来登陆舟山最强台风;暴雨过程频繁,6 月暴雨最多,出现 4 次大范围暴雨过程,造成浙西南局地发生山洪及地质灾害;梅雨期略短(5 月 29 日入梅,6 月 26 日出梅,均偏早),梅雨量 289.5 毫米,较常年偏少 16%,降水量分布不均,浙北几近空梅;全省平均高温日数 53 天,破 1951 年以来最多纪录。高温初日(4 月 12 日)为历史第五早;终日(10 月 4 日)为历史第三晚。极端最高气温 43.1 ℃(三门,7 月 23 日),高温日数 80 天(常山)。全省平均高温综合强度破历史最高纪录(2013 年),7 月 20 日至 8 月 27 日区域性高温过程持续 39 天,与 2003 年 6 月 30 日至 8 月 11 日的区域性高温天气过程并列为历史最强。9 月 30 日至 10 月 4 日为 1951 年以来出现最晚高温过程，4 个国家级气象站最高气温达 40 ℃以上。高温天气导致多地出现热射病（重度中暑）病例，加剧了干旱和供电压力。汛期降水偏少 2 成，夏秋连旱严重，7 月 5 日至 11 月 27 日出现大范围气象干旱，持续时间仅次于 2003 年及 1995 年；1 月 22 日至 2 月 23 日全省遭遇持续连阴雨雪天气，全省平均日照时数破历史同期最少纪录，对生活、交通、城市运行、能源保供、设施农业及疫情防控等产生不利影响；局地强对流影响严重，春季强对流次数为 2000 年以来第三多，7 月强对流极端性强，8 月雷电频繁，11 月末多地出现暴雨、冰雹等强对流天气；10—12 月，强冷空气和寒潮频繁影响全省。2022 年，全省因灾死亡和失踪各 1 人，干旱、洪涝、台风灾害三个灾种合计受灾人口约 203 万人，农作物受灾面积约 10.5 万公顷，绝收面积约 0.8 万公顷，直接经济损失约 54 亿元。

安　徽　2022 年，全省年平均气温 17.1 ℃，较常年偏高 0.9 ℃，仅次于 2021 年（17.2 ℃），为 1961 年有完整气象记录以来历史第二高。四季气温均偏高，其中春、夏季创历史同期新高；秋季为历史第三高。全省平均年降水量 978 毫米，较常年偏少 2 成。冬、夏、秋季降水量分别偏少近 2 成、3 成、2 成，其中夏季为 1995 年以来同期最少，春季与常年同期基本持平。2022 年，全省入梅偏晚、出梅略早，梅雨期偏短，梅雨强度偏弱。全省平均年日照时数 2075 小时，较常年偏多 1 成，为 1996 年以来最多。冬、秋季日照时数接近常年略偏多，春、夏季分别偏多 1 成、近 3 成。年内主要气候事件有：全省经历 1961 年以来最热夏季；淮河以南遭遇严重伏秋连旱；台风“暹芭”致皖北数地雨量破历史纪录；3 月出现有气象记录以来春季最大暴雨；年初雨雪频繁居历史第二；国庆气温先升后降“冰火两重天”。综合考虑全年气候要素、极端气候事件及其灾害影响，2022 年属于“较差”的气候年景。2022 年，农业生产气象条件总体上利弊相当，其中秋粮全生育期内大部分地区光热充足，但降水偏少，出现严重伏秋连旱，气象条件总体弊大于利。

福　建　2022 年，全省年平均气温 20.2 ℃，偏高 0.4 ℃；平均年降水量 1660.4 毫米，偏少 10.4 毫米（1%）；日照时数 1829.2 小时，偏多 128.6 小时。年内气温与降水波动明显，3 月、8 月和 11 月全省月平均气温均为历史同期最高，2 月和 5 月气温偏低，5 月为历史同期最低。降水月际变化显著，2 月为近 20 年最多，6 月和 11 月为 1961 年以来历史同期第二多，7—10 月降水均为历史同期前三少。年内经历了 10 次冷空气、7 次高温、11 场强对流和 16 场暴雨过程，6 个影响台风，夏秋季出现气象干旱。主要天气气候事件有：2 月出现 2008 年以来少见的大范围低温冰冻天气。2 月 19—23 日出现近 20 年同期范围最大的降雪、雨夹雪或冻雨，17 个县（市）出现积雪，以寿宁 13 厘米为最深。雨季雨多涝重，持续性强降水历史罕见。5 月 31 日至 6 月 20 日出现极端持续性强降水过程，持续天数、降水强度均为历史同期第一，致多地受灾严重，松溪出现 1955 年建站以来最大洪峰。高温频发，范围广、时间长、极值高，屡破纪录。年内共出现 7 次高温过程，共有 59 个县（市）日最高气温≥37.0 ℃；全年高温日数达 56 天，破历史纪录；16 个县（市）极端最高气温破当地历史纪录；10 月 4 日创历史最晚高温日纪录。2022 年出现 2 次强度位于历史前十的高温过程，其中以 8 月 9—31 日高温过程为最强，其综合强度和持续天数均为历史第二。夏秋连旱迅速发展。8 月下旬气象干旱由福州、宁德、三明向南部沿海和西部内陆迅速发展，最严重时超九成县（市）出现重度以上气象干旱，综合评估此次气象干旱过程达到了特强等级。11 月中旬多轮降水使旱情陆续解除。2022 年为 2003 年以来首个无登陆台风年，有 6 个台风影响本省，较常年偏少，总体影响均较轻。2022 年，福建省气象灾害以冬季低温冰冻、雨季暴雨洪涝和夏秋气象干旱为主，损失主要集中在南平、三明和龙岩地区。此外,还出现了风雹和雷电等灾害。总体来看,2022年综合气候年景属于一般年份。

江 西 2022年,全省年平均气温19.0 ℃,偏高0.7 ℃,为1961年以来第二高位,仅次于2021年,气温波动起伏大。除冬季外各季平均气温均偏高,其中夏、秋季平均气温创新高;2月、5月和12月较常年偏低,其余月份均偏高,其中3月、8月和11月平均气温创当月新高,分别偏高3.4 ℃、2.7 ℃和3.3 ℃。全省平均年降水量1518.2毫米,偏少11.7%,为1961年以来第十九低位。降水偏少且时空分布不均。除冬季外,其余各季降水均偏少,其中8月和9月雨量均创历年同月新低;伏秋期全省降水偏少,致使伏秋期间出现了历史罕见的气象干旱,全省干旱损失超历史。高温日数多、持续时间长、强度大。年内高温日数始于4月12日、终于10月5日,全省年均高温日数59.9天,有44个县(市、区)创新高;有26个县(市、区)日最高气温突破年极值。6月下旬至11月中旬本省遭遇了1961年以来最严重的气象干旱,降水、气温等要素创历史极值,省内五大河及支流出现历史新低水位,多处出现枯竭断流,鄱阳湖提前进入枯水期,8次刷新历史最低水位。据省应急厅统计,全年各类气象灾害共造成1084.4万人受灾,因灾死亡15人(其中雷击死亡1人),紧急转移安置21.6万人;农作物受灾面积1104.0千公顷,绝收面积121.5千公顷,倒塌房屋1511间,严重损坏房屋1524间,直接经济损失280.2亿元。2022年全省主要气象灾害有暴雨洪涝、干旱、高温、局地强对流、低温冷害等,旱涝并重,全省气候年景属于较差年份。

山 东 2022年,全省年平均气温为14.5 ℃,较常年偏高0.7 ℃,为1951年以来第四位高值;全省平均年降水量为861.5毫米,较常年偏多29.4%,为1951年以来第五多值;全省平均日照时数为2304.5小时,较常年偏少19.0小时。主要天气气候事件有:春季降水显著偏少,多地发生气象干旱,全省农田干旱总面积约122.5万公顷,其中重旱26.64万公顷;初夏大范围高温,持续时间长、强度大。夏季平均高温日数为17.6天,较常年偏多9.3天,为1969年以来次多,仅次于2018年。6月16—26日,出现大范围持续高温天气,多站最高气温和持续日数突破历史极值;夏季有13次区域性暴雨过程,暴雨日数为1965年以来最多,25站日降水量突破历史同期极值。台风"梅花"横穿山东,为有记录以来9月登陆和影响山东的最强台风。受其影响,全省中东部及沿海地区出现强降水和强风天气,降水持续时间53小时,海上8级以上大风持续时间达62小时。10月初,60站次出现暴雨过程,全省平均降水量为60.7毫米,24站日降水量突破本站10月历史极值;2022年5次大范围的降雪天气过程出现在1月、11月和12月。11月30日至12月2日、12月16—18日、12月21—24日,山东半岛连续出现3次冷流暴雪,为2005年以来罕见。威海降雪量最大达63.2毫米,7站积雪深度超过10厘米,文登站最大积雪深度达35.0厘米。根据气候年景评估方法,综合分析全年气候年景属于差年景。

河 南 2022年,全省气温偏高,降水量偏少,日照时数正常。全省年平均气温为15.8 ℃,较常年偏高0.8 ℃,为1961年以来的次高值;全省平均年降水量为594.3毫米,较常年偏少17%;全省平均年日照时数为2024.1小时,较常年偏少94.6小时。影响全省的主要天气气候事件有:低温、暴雨、高温、干旱和大雾等。1月下旬强降雪伴低温,影响交通出行;春季豫南暴雨早发、多发;7月强降水及风雹频繁,局地灾害重;夏季高温持续时间长,强度大、范围广;夏秋降水分布不均,干旱范围广、影响重;10月上旬气温高起低落,呈"过山车"模式;12月大雾频频来扰,多地交通受阻。全省因气象灾害造成的受灾人口为799.9259万人,死亡3人;倒塌房屋56间,严重损坏房屋208间,一般损坏房屋1188间;农作物受灾面积698.82千公顷;直接经济损失为 45.97704 亿元。其中干旱受灾面积 60.3 万公顷，占气象灾害受灾面积的 88%；直接经济损失为 34.04 亿元，占气象灾害总经济损失的 74%。总体来看，2022 年全省气象灾害属于偏轻年份，除旱灾最为严重外，其他气象灾害均较常年偏轻。

湖　北　2022 年，全省年平均气温 17.7 ℃，刷新了 2021 年 17.4 ℃的最高纪录，排 1961 年以来首位。2021/2022 年冬季前暖后冷；春季气温变化剧烈，低温冷害明显；夏季平均气温、最高气温和最低气温均排历史同期首位；秋季气温明显偏高，9 月 30 日至 10 月 3 日气温偏高异常，多地高温突破 10 月历史纪录；入春提前，入夏、入秋、入冬推迟。平均年降水量 984.8 毫米，较常年偏少近 2 成。2021/2022 年冬季雨(雪)过程频繁；春季区域性暴雨发生早，强度大，多站大风突破极值；夏季降水持续偏少，出现大范围气象干旱，梅雨量偏少但局地降水强度大；秋季降水持续偏少，旱情呈波动发展特征。2022 年湖北省主要气象灾害为伏秋冬连旱、盛夏高温、低温冷害、强降水、强对流、雾和霾等，给农业、交通、电力、人体健康等行业和领域造成影响。综合评估 2022 年全省气候年景等级为差。

湖　南　2022 年，全省年平均气温为 18.6 ℃，较常年偏高 0.9 ℃，为 1961 年有记录以来第二高，仅次于 2021 年的 18.7 ℃。冬季气温偏低，春季偏高，3 月为历史最高，夏季和秋季均偏高，为 1961 年以来历史最高。全省平均年降水量 1252.5 毫米，较常年偏少 12.8%，其中冬季偏多 4 成，春季正常略偏多，夏季偏少 3 成，秋季偏少近 6 成，居 1961 年以来第三少(仅高于 1992 年和 1979 年)。全省平均年日照时数为 1576.2 小时，较常年偏多 153.6 小时，其中冬季偏少，春季、夏季、秋季均偏多。主要天气气候事件有：年平均气温历史第二，年高温日数再创历史新高(58.2 天，超过 2021 年 52.1 天)；冬季暴雪频繁、持续湿冷。2 月 17—23 日，12 个县(市、区)发生特大暴雪，最大积雪深度达 30 厘米，为 2011 年以后最深。1 月 23 日至 2 月 23 日持续低温阴雨雪寡照天气，雨(雪)日数、降水量均创 1961 年以来历史同期新高，日照时数为 1961 年以来历史同期最少。“五月低温”历史少见，5 月气温居历史同期第 3 低，11 个县(市、区)气温为历史同期最低。5 月 7—31 日，89 个县(市、区)连续日平均气温≤20 ℃的“五月低温”天气，同时平均日照时数为历史同期最少。3—7 月全省共发生 14 次区域性暴雨过程，6 月 1—5 日连续暴雨达特强等级。7 月上旬台风“暹芭”贯穿全省，7 月 4 日 08 时进入永州，随后经衡阳—湘潭—长沙—岳阳，5 日从岳阳平江移出，路径历史少见，给全省带来大范围的暴雨—大暴雨天气；夏季出现历史最强高温热浪，经历两段区域性高温过程，其中 7 月 20 日至 8 月 29 日综合强度排 1961 年以来第一位。夏秋冬连旱综合强度最强，7 月 8 日至 12 月 30 日出现降雨量历史同期最少和最长无有效降雨日数，气象干旱综合强度历史第一。秋末冬初出现罕见强寒潮，11 月 28 日至 12 月 1 日，全省平均气温平均下降 20.8 ℃，过程强度排 1961 年以来第二位。14 个市(州)的 74 个县(市、区)出现雨雪冰冻天气。根据湖南省地方标准《气候年景与旱涝年景评估方法》评定，2022 年气候年景等级为 5 级(差)，干旱年景评定为 5 级(特大干旱)，洪涝年景评定为 3 级(中度洪涝)。

广　东　2022 年，全省年平均气温 22.2 ℃，与常年基本持平，但各月气温起伏波动大，3 和 11 月为历史同期最高；5 月气温为历史同期最低。全省平均年降水量 2057.6 毫米，较常年偏多 14%，但阶段性明显。1 月、4 月、9 月、10 月和 12 月降水偏少，8 月正常，其余各月均偏多。2 月和 11 月为历史同期第三多。2022 年全省平均年日照时数 1856.5 小时，较常年偏多 6%，1 月、2 月、5 月、6 月和 11 月偏少 11%～44%，其余各月均偏多。天气气候总体特征表现为：开汛偏早，“龙舟水”强，降水极端洪涝严重；初台晚，登陆台风多；高温日数多，强度强；秋冬气象干旱明显。2022年广东因气象灾害死亡13人、失踪1人，直接经济损失218.48亿元。综合评价，2022年全省气候年景属于偏差。

广　西　2022年，全区年平均气温20.9 ℃，与常年持平；冬季偏低1.2 ℃，为2012年来最低；秋季偏高1.4 ℃，为1951年来同期最高；春、夏季接近常年同期。广西平均年降水量1651.2毫米，比常年偏多4%；上半年降水量比常年同期偏多35%，为1951年以来同期最多；冬、春季分别偏多80%和17%；秋季偏少23%；夏季接近常年同期。广西平均年日照时数1546小时，较常年偏多63小时。冬季日照时数与常年同期持平；春、夏、秋季偏多，其中秋季日照时数为2008年以来同期最多。2022年全区气候具有冷暖起伏大，降雨分布不均，前涝后旱等特点。暴雨、干旱和低温冷害灾害偏重，共出现10次区域性暴雨过程，其中有8次出现在上半年，首次暴雨过程偏早，5—6月暴雨过程集中、暴雨强度大，全区遭遇史上最强“龙舟水”，灾害损失超百亿元。7月中旬到11月中旬广西平均降水量为历史同期第二少，出现严重夏秋连旱。1月末至2月遭遇2009年来同期最严重低温雨雪冰冻天气，秋末出现1961年来同期最强寒潮。有3个台风影响广西，个数偏少，初台偏晚，终台偏早，仅台风“暹芭”深入广西内陆。高温日数偏多，共出现7次大范围高温过程，其中7月下旬至8月初高温过程为历史第三强。年内7次强对流天气过程的总体影响偏轻。春播期低温阴雨总日数偏少，结束期偏早；广西北部大部寒露风开始期偏晚、广西南部大部偏早，全区平均寒露风总日数接近常年。总体而言，2022年广西属偏差气候年景。

海　南　2022年，全省年平均气温24.9 ℃，较常年偏高0.1 ℃，与2002年、2012年及2017年并列位居1951年以来第六位高值。冬季、夏季和秋季气温分别偏高0.2 ℃、0.3 ℃和0.5 ℃，春季气温偏低0.5 ℃。全省平均年降水量为2014.0毫米，较常年偏多9.6%，位居1951年以来第十五位高值。全省平均年日照时数为1830.4小时，较常年偏少182.8小时，位居1951年以来第三位低值。全省共出现16次区域性暴雨过程，次数较常年偏多5次，位于历史第二高位。全省年平均高温日数25天，与常年持平，并列位居历史第十七多高温日数。2022年共有8个热带气旋影响全省，无登陆。影响个数较常年偏少1.6个，登陆个数较常年偏少1.8个，热带气旋平均影响强度总体接近常年，但极端强度偏强，9月下旬出现了超强台风影响。第一个影响海南的热带气旋出现在6月下旬，较常年偏晚5旬，最后一个影响海南的热带气旋出现在10月下旬，较常年偏早4旬。年内还发生低温阴雨、清明风、大雾、高温、干旱、雷击和强对流天气等气象灾害事件，并造成一定的经济损失。据初步统计，全年因气象灾害造成19个市(县)约9.62万人次受灾，3人死亡，直接经济损失约2.74亿元。2022年热带气旋、暴雨和高温灾害年景正常，干旱灾害年景较好，综合评价，2022年气候年景属于正常年景。

重　庆　2022年，全市年平均气温为18.5 ℃，较常年和2021年(17.7 ℃)均显著偏高0.8 ℃，与2013年并列为1961年有完整气象记录以来第二高(仅次于2006)，夏季气温为历史同期最高，冬季气温较常年偏低0.3 ℃，夏、秋季气温均较常年偏高，其中夏季为1961年以来同期最高，秋季为第三高(仅次于2006年和1998年)。全市平均年降水量为953.1毫米，较常年偏少16%，为历史第六少；汛期降水量为573.6毫米，较常年同期偏少近3成，为1961年以来第五少。秋季和夏季降水量显著偏少，分别为1961年以来最少和第二少(仅次于2006年)，春季降水量偏多，为1961年以来第四多，冬季降水量接近常年。年日照时数为1476.6小时，较常年偏多3成，为历史第三多。四季日照时数均偏多，其中春季为1961年以来第二多，仅次于1969年。主要天气气候事件有：高温日数显著偏多，高温强度历史最强；全年35 ℃以上高温日数为53.9天，为1961年以来第二多，仅次于2006年(55.7天)。汛期(5—9月)，高于40 ℃天数达15.8天，为1961年以来最多。2022年共出现6次区域性高温过程，其中，7月24日至8月29日的高温过程持续时间长(37天)、影响范围广(31个区(县)出现40 ℃以上最高气温)、极端性强(北碚站8月18日和19日极端最高气温均达到45 ℃)，综合强度达特重等级，为1961年以来最强高温过程。气象干旱总体偏重，伏旱秋旱偏强。暴雨站次数偏少，区域频次偏少；连阴雨偏少偏弱；华西秋雨开始偏早，强度正常；强降温过程偏强，低温偏弱，霜冻正常。综合评估，2022年重庆市气候总体状况偏差，高温干旱严重，暴雨灾害偏轻，灾害性天气气候事件总体较常年偏重。

四　川　2022年，全省年平均气温15.9 ℃，较常年偏高0.7 ℃，创1961年以来历史新高；其中3月、7—8月、11月均为历史同期第一高。6月为历史同期第四高。全省有128站出现高温天气，其中101站日最高气温突破本站历史极大值，渠县日最高气温44.0 ℃(8月24日)刷新四川国家站日最高气温历史纪录；全省平均年高温日数为1961年以来最多。全省平均年降水量844.7毫米，偏少12%，为历史第五少。1—5月偏多，4月为历史同期第一多；6—12月偏少，其中7月列历史同期第一少。年内区域性暴雨天气过程少，暴雨站次数偏少，属暴雨偏弱年份。全省春旱偏轻，夏旱一般，伏旱范围广、强度大，总体为重旱年。四川秋雨开始期偏晚，秋雨强度偏弱。年内冷空气活动次数接近常年，强度一般。春季盆地区域大风冰雹天气发生较为频繁，部分地方灾情损失较重。全省平均雾日数较常年偏少，盆地区域性雾或霾天气过程较2021年减少。夏季出现了严重高温干旱过程，汛期反枯，不利于全省各类水利工程增蓄保供，影响汛末蓄水计划。全省大、小春生产农业气候条件总体为偏差年景。结合全省气候年景指数评价结果，2022年四川省气候年景为差年份。

贵　州　2022年，全省年平均气温16.2 ℃，较常年略高0.4 ℃，其中冬季偏低，春季、夏季和秋季气温均偏高。全省平均年降水量1013.6毫米，较常年略少16.5%，其中冬春季降水偏多，夏、秋季降水偏少。年日照时数1411.0小时，较常年略多22.1%，其中冬季正常略少，春季正常略多，夏、秋季偏多。2022年，全年雨季开始偏早22天，结束偏早13天，雨季偏长9天；夏秋冬三季连旱，全省北部、东部影响明显，不利于秋粮产量形成和秋、冬播种工作的顺利开展。盛夏高温范围广、时间长，37县(市、区)出现极端高温事件，18县(市、区)日最高气温达到或突破历史纪录；区域性暴雨过程偏晚偏少，但极端性强，小时雨强突破历史极值；气温阶段性异常，月平均气温5次破纪录；风雹天气出现早；秋雨持续时间短、雨量少；降雪日数为近10年最多，出现6次区域性降雪过程，伴随低温凝冻天气。全省干旱、高温、暴雨洪涝、低温雨雪凝冻、风雹等气象灾害及其诱发的次生灾害，给全省经济社会发展和人民生产生活造成不利影响，部分地区受灾严重。2022年贵州省气候年景为中等偏差。

云　南　2022年，全省年平均气温较常年偏高0.1 ℃，各月平均气温波动大，2月、4—6月较常年同期偏低，其余月份与常年持平或偏高，其中3月、7月、8月为历史同期最高，区域性高温过程偏多，35 ℃及以上高温站次破纪录。全省平均年降水量986.9毫米，较常年偏少7.4%，降水量时空分布不均，1月、4月、5月、12月为偏多，2月为特多，7月、8月、10月为偏少，11月为特少，3月、6月、9月为正常；大部地区年降水量为正常至偏少；雨季开始期和结束期均偏早，雨季降水量偏少，局地强降水突出。全省平均年日照时数1919.1小时，较常年偏少6.2%，其中5月、6月、12月为偏少，8月、11月为偏多，7月为特多，其余月份为正常。主要气象灾害及其衍生灾害为冬春季低温冷害和雪灾、夏季干旱、春夏季冰雹、大风和雷电灾害、汛期局地洪涝和地质灾害。灾害造成的直接经济损失略高于近10年平均值,因灾造成的人员死亡、失踪数为近10年来的次少。综合气候条件对经济、社会、生态各方面的影响分析,2022年云南省气候总体属于中等年景。

西　藏　2022年,全区年平均气温5.6 ℃,较常年偏高0.6 ℃。冬季气温偏低,其他三季偏高,夏季平均气温为1981年以来历史同期最高。波密等53站次日最高气温突破历史同期极大值;尼木等5站日最低气温创历史同期极小值;拉萨等46站次月平均气温突破历史同期极大值或持平;尼木等7站次月平均气温低于历史同期极小值;拉孜年平均气温突破历史极大值。全区平均年降水量为406.1毫米,较常年(469.5毫米)偏少13.5%。其中冬、秋季偏多,秋季降水量为1981年以来历史同期最多,夏季偏少,降水量为1981年以来历史同期最少,春季正常。芒康等4站日降水量超历史同期极大值;林芝等9站月降水量突破历史同期极大值或持平;加查等17站月降水量超历史同期极小值或持平。全区于5月16日正式进入雨季,较常年(6月7日)提前22天,于10月6日结束,较常年(9月30日)推迟6天。根据信息统计,2022年共发生气象灾害及衍生灾害64次,其中强降水17次、冰雹8次、干旱3次、雷电5次、雪灾20次、低温冷害1次、大风3次、地质灾害7次。受灾人口9535人,死亡1人,死亡牲畜583只,农田受灾面积482.44公顷,直接经济损失296.24万元。雪灾、强降水、大风、冰雹、雷电、干旱等气象灾害,对交通、市政、水利等基础设施和农牧民生产生活等造成不利影响。

陕　西　2022年,全省年平均气温偏高、降水量接近常年,日照时数偏多。全省年平均气温13.1 ℃,较常年偏高0.6 ℃,为1961年以来第二高。四季气温均偏高,其中夏季全省平均气温25.2 ℃,较常年同期偏高1.4 ℃,为1961年以来最高。全省平均年降水量645.5毫米,较常年偏多2.7%(16.8毫米)。春、秋季降水量偏少,冬、夏季降水量偏多。年日照时数2136.1小时,较常年偏多。其中,冬、春、夏季偏多、秋季偏少。主要天气气候事件有:1月下旬遭遇历史同期最强雨雪冰冻天气;夏季出现5次区域性高温过程,多站高温日数、最长连续高温日数、极端最高气温等多项指标刷新历史纪录,8月1—24日出现历史最强高温过程。汛期共出现20次暴雨过程,暴雨站次数为近11年次多,榆林暴雨频发,雨量历史之最,关中、陕南经历旱涝急转,华西秋雨(陕西区)偏早偏强,秋雨期间多暴雨过程,10月1—6日出现10月历史第二强区域性暴雨过程;6月26日商南金丝峡小时雨量(108.3毫米)创陕西小时雨量气象观测纪录;寒潮频繁,出现历史第三强寒潮。2022年主要农业气象条件利好,光温水匹配良好,有利于小麦、油菜生长发育和产量形成。玉米生长期光照、热量、水分等气象要素匹配程度好,对产量形成有利。受2021年强秋淋天气和高温天气影响,气象条件不利于苹果增产。

甘　肃　2022年,全省年平均气温9.5 ℃,较常年同期偏高1 ℃,2月、12月偏低,其余月偏高,3月、6月和8月分别为1961年以来次高、最高和次高。年降水量363.7毫米,较常年同期偏少11.3%,为近10年最少,其中,9月为近20年最少,2月为1961年以来最多。主要天气气候事件有:高温、暴雨、干旱、大风、冰雹和寒潮。高温日数多、范围广,多地最高气温破历史极值,共有10次35 ℃以上区域性高温天气过程,主要出现在6月中旬至8月下旬,其中7月6日高温影响范围最广,占全省面积的44%。气象干旱严重,出现春夏秋连旱,影响时间长、范围广,旱情多次反弹,陇中损失较重。气象干旱日数和干旱范围较常年偏多或偏大,均为近10年最高值。暴雨日数偏多,范围偏大,15县(区)出现极端日降水事件,3县日降水量突破历史极值,暴雨引发陇东南部分地区山洪、滑坡等灾害,农作物及基础设施受灾。冰雹日数偏少,范围偏小。寒潮天气偏多，范围广，11月下旬出现大范围强寒潮天气过程。大风日数偏多，沙尘暴日数偏少。2022年总体气候条件一般。

青　海　2022年，全省年平均气温3.7℃，较常年偏高0.9℃，为1961年以来第二高。其中2月、12月偏低，9月与常年持平，1月、4月接近常年，其余月份偏高，3月和8月为1961年以来同期最高，6月和11月为1961年以来同期第二高。全省年平均降水量365.1毫米，较常年偏少4.2%。2月、4月、8月、10月偏多，其余各月降水偏少，其中12月为1961年以来同期第三少。气候总体平稳，但极端天气气候事件时有发生，主要气候事件有：2月、3月出现冷暖急转，全省冷暖变幅达6.2℃；5月初11站日最低气温为当地2000年以来5月最低值；春季大风沙尘天气频现，大风站次数为近5年同期最多；春夏气象干旱持续时间长；天峻县出现罕见冰雹天气；8月极端降水密集，大到暴雨站次数为1961年以来同期最多；夏季全省平均最高气温、高温日数、高温热害站次数均居1961年以来同期首位；雷击事件多发重发；暴雨洪涝及次生灾害历史罕见；夏末秋初连阴雨多发，重度连阴雨站次数为1961年以来同期最多。

宁　夏　2022年，全区年平均气温9.8℃，较常年偏高0.8℃，为1961年以来历史次高（仅次于2021年），四季气温均偏高，夏季创1961年以来新高。全区平均年降水量234.3毫米，较常年偏少17%，其中冬季偏多，春、秋季偏少，夏季接近常年。全区平均年日照时数2585小时，较常年偏少228小时，四季日照时数均偏少。异常天气气候事件多发，2021/2022年冬季降雪日数多，为1961年以来第四多值，中部干旱带平均降雪日数及南部山区平均中雪及以上日数均创1961年以来新高；冬末春初气候差异大，2月异常“湿冷”，3月异常“暖干”；春季沙尘天气为2011年以来同期第二多，大风日数为第四多；春夏出现“旱涝急转”，“旱期”和“涝期”全区平均降水量之差为1961年以来同期第十高值；南部山区春夏秋连旱，持续时间为1961年以来同期最长；夏季高温强度强、频次高、过程持续时间长、覆盖范围广，全区平均高温（≥35℃）日数为1961年以来最多。综合评估，2022年气候年景总体为偏差。

新　疆　2022年，全区年平均气温9.6℃，较常年偏高1.1℃，居1961年以来第一位。全区大部分月份气温均偏高，尤其1月、5月、9月气温偏高居历史同期第一位，仅2月、8月、12月气温偏低。全区平均年降水量150.3毫米，较常年偏少16%。全区降水仅春季略偏多，其他季节均偏少。夏季高温天气出现早、强度大、持续时间长；春末秋初，高温少雨致北疆、东疆遭遇严重气象干旱；冷空气过程总体偏少，但极端性强，秋末出现特强寒潮；春夏季多地出现极端暴雨。全年累积经历暴雪过程1次、极端暴雨过程9次、寒潮过程4次、夏季高温过程4次、干旱过程1次。出现的主要气象灾害为大风、冰雹、干旱、暴雨山洪、寒潮等，其中大风灾害损失最重，占全年总灾损的40.9%。上述气象灾害对全区生态植被、农牧业、林果业、交通运输、人民生命及财产安全等造成不同程度的影响。2022年气象条件总体对粮食作物、棉花、大部地区特色林果的生长较为有利，对香梨等林果、大部地区牧区天然牧草生长、部分牧区牧业生产有不利影响。

参考文献

WMO，2023. Statement of the global climate 2022［EB/OL］. https://public.wmo.int/en/our-mandate/climate/wmo-statement-state-of-global-climate.

附录A 资料、方法及标准

A1. 资料

本书所使用的地面气象观测资料由中国气象局国家气象信息中心提供。地面基本观测资料采用1961—2022年中国区域2400多个气象观测站资料，其中霜冻日数、降雪日数采用700多个站资料；台风路径资料采用中国气象局热带气旋最佳路径数据集；气候系统分析采用NCEP/NCAR全球大气再分析资料；气象灾害损失资料由中华人民共和国应急管理部提供；2022年各省（区、市）气候影响评价摘自相关省（区、市）年度评价或公报；香港、澳门特别行政区及台湾省资料暂缺。

A2. 南海夏季风

南海季风是指中国南海区域盛行风向随季节有显著变化的风系，属于热带性质的季风，夏半年中国南海低层盛行西南风，高层为偏东风。

南海夏季风暴发定义：以南海季风监测区内（10°—20°N，110°—120°E）850百帕平均纬向风和假相当位温为主要监测指标，当监测区内平均纬向风由东风稳定转为西风以及假相当位温稳定大于340 K的时间（持续2候、中断不超过1候或持续3候及以上），为南海夏季风暴发的主要指标。同时参考200百帕、500百帕和850百帕位势高度场的演变。

A3. 东亚夏季风

夏季风是指夏季由海洋吹向大陆的盛行风。由于夏季亚洲大陆上为巨大的热低压控制，海洋上是高气压，气流由高气压区吹向低气压区，形成夏季风。位于低压南部的南亚、东南亚及中国西南一带，盛行西南季风；位于低压东部的中国东部地区，盛行东南季风。东亚夏季风以阶段性而非连续的方式进行季节推进和撤退，北进经历两次突然北跳和三次静止阶段。在这个过程中，季风雨带和季风气流以及相应的季风气团也类似地向北运动。

由于亚洲夏季风具有广阔的空间和时间尺度变率，许多学者从不同方面定义了不同的季风指数，书中采用东亚热带和副热带纬向风差值来定义东亚夏季风指数。

A4. 厄尔尼诺/拉尼娜

厄尔尼诺/拉尼娜是指赤道中、东太平洋海表大范围持续异常偏暖/冷的现象，是气候系统年际气候变化中的最强信号。厄尔尼诺/拉尼娜事件的发生，不仅会直接造成热带太平洋及其附近地区的干旱、暴雨等灾害性极端天气气候事件，还会以遥相关的形式间接地影响全球其他地区的天气气候并引发气象灾害。

厄尔尼诺/拉尼娜事件判别方法：Niño3.4指数3个月滑动平均的绝对值（保留一位小数，

下同)达到或超过 0.5 ℃,且持续至少 5 个月,判定为一次厄尔尼诺/拉尼娜事件(Niño3.4 指数≥0.5 ℃为厄尔尼诺事件;Niño3.4 指数≤−0.5 ℃为拉尼娜事件)。

A5. 干旱评价方法与标准

由于发生干旱的原因是多方面的,影响干旱严重程度的因子也很多,所以确定干旱的指标是一个复杂的问题。另外,干旱也有多种含义,在气象学意义上,又分为长期干旱和短期干旱,长期干旱即在某特定气候条件下,历史上长期性持续缺少降水,一般年份降水量不足 200 毫米,形成固有的干旱气候,这些地区为干旱地区,如我国南疆盆地等,一般不做这种干旱监测;短期干旱是指某些地区因天气气候异常,使某一时段内降水异常减少,水分短缺的现象,它可以出现在干旱或半干旱地区的任何季节,也可出现在半湿润甚至湿润地区的任何季节,这种干旱最容易造成灾害,本书主要是针对这种干旱进行监测与评价。气象干旱综合指数(MCI)考虑了 60 天内的有效降水(权重平均降水)和蒸发(相对湿润度)的影响,季度尺度(90 天)和近半年尺度(150 天)降水长期亏缺的影响。该指标适合实时气象干旱监测以及气象干旱对农业和水资源的影响评估。气象干旱综合指数的计算公式如下:

$$\mathrm{MCI} = \mathrm{Ka} \times (a \times \mathrm{SPIW}_{60} + b \times \mathrm{MI}_{30} + c \times \mathrm{SPI}_{90} + d \times \mathrm{SPI}_{150}) \tag{A.1}$$

$$\mathrm{SPIW}_{60} = \mathrm{SPI}(\mathrm{WAP}) \tag{A.2}$$

$$\mathrm{WAP} = \sum_{n=0}^{60} 0.95^n P_n \tag{A.3}$$

式中,SPIW_{60}为近 60 天标准化权重降水指数,标准化处理计算方法参考《气象干旱等级》(GB/T 20481—2017);P_n 为距离当天前第 n 天的降水量;MI_{30}为近 30 天湿润度指数,计算方法参考《气象干旱等级》(GB/T 20481—2017);SPI_{90}、SPI_{150}分别为 90 天和 150 天标准化降水指数,计算方法参考《气象干旱等级》(GB/T 20481—2017);a、b、c、d 权重系数随着地区进行调整,北方及西部地区分别取 0.3、0.5、0.3、0.2;南方地区分别取 0.5、0.6、0.2、0.1;Ka 为季节调节系数,根据不同季节各地区主要农作物生长发育阶段对土壤水分的敏感程度确定《农业干旱等级》(GB/T 32136—2015)。气象干旱综合指数等级划分标准见表 A-1 所示。

表 A-1 气象干旱综合指数等级划分标准

等级	类型	MCI	干旱影响程度
1	无旱	−0.5<MCI	地表湿润,作物水分供应充足;地表水资源充足,能满足人们生产、生活需要
2	轻旱	−1.0<MCI≤−0.5	地表空气干燥,土壤出现水分轻度不足,作物轻微缺水,叶色不正;水资源出现短缺,但对人们生产、生活影响不大
3	中旱	−1.5<MCI≤−1.0	土壤表面干燥,土壤出现水分不足,作物叶片出现萎蔫现象;水资源短缺,对人们生产、生活产生影响
4	重旱	−2.0<MCI≤−1.5	土壤水分持续严重不足,出现干土层,作物出现枯死现象,产量下降;河流出现断流,水资源严重不足,对人们生产、生活产生较重影响
5	特旱	MCI≤−2.0	土壤水分持续严重不足,出现较厚干土层,作物出现大面积枯死,产量严重下降,甚至绝收;多条河流出现断流,水资源严重不足,对人们生产、生活产生严重影响

A6. 暴雨洪涝评价方法与标准

本书采用夏季降水百分位数、月降水量距平百分率及旬降水总量等指标对 2021 年全国(主要考虑年降水量 400 毫米等值线以东、以南地区)暴雨洪涝情况进行评述。考虑到地区之间的气候差异,规定了不同地区评述暴雨洪涝的季节,即黄淮海、东北、西北地区为 6—8 月,长江中下游地区为 4—9 月,华南地区为 4—10 月,西南地区为 6—9 月。

(1)降水百分位数

$$r=\frac{m}{n+1}\times 100\% \tag{A.6}$$

式中,r 为降水百分位数;m 为按升序排列后的序号;n 为样本数。

当 $90\%>r\geqslant 80\%$ 时为一般洪涝;$r\geqslant 90\%$ 时为严重洪涝。

(2)月降水量距平百分率

$$P=\frac{R-\overline{R}}{\overline{R}}\times 100\% \tag{A.7}$$

式中,P 为月降水量距平百分率;R 为当年某月的实际降水量;$\overline{R}$为某月降水量常年值(1981—2010 年平均)。

当 $200\%\geqslant P\geqslant 100\%$(华南 $150\%\geqslant P\geqslant 75\%$)时为一般洪涝;$P>200\%$(华南 $P>150\%$)时为严重洪涝。

(3)旬降水量

当一个旬降水量达到 250～350 毫米(东北 200～300 毫米,华南、川西 300～400 毫米)时为一般洪涝。

一个旬降水量>350 毫米(东北>300 毫米,华南、川西>400 毫米)时为严重洪涝。

当两个旬降水总量达到 350～500 毫米(东北 300～450 毫米,华南、川西 400～600 毫米)时为一般洪涝。

两个旬降水总量>500 毫米(东北>450 毫米,华南、川西>600 毫米)时为严重洪涝。

A7. 台风指数评价方法

根据中华人民共和国气象行业标准 QX/T 170—2012《台风灾害影响评估技术规范》定义,台风灾害影响综合评估指数(CIDT)是指总体上描述某次台风过程对全国或某省(区、市)的灾害影响程度的指数。本书中将一年之中所有台风的 CIDT 指数之和定义为年台风灾害影响综合评估指数(YCIDT),而且计算区域为全国。CIDT 计算公式为

$$\mathrm{CIDT}=10\times\sqrt{\sum_{i=1}^{4}a_i d_i} \tag{A.8}$$

式中,a_i 为灾害因子系数,其取值见表 A-2;d_i 是灾害因子,d_1 为死亡和失踪人数,d_2 为农作物受灾面积(单位为千公顷),d_3 为倒塌房屋数(单位为万间),d_4 为直接经济损失率。d_4 计算公式为

$$d_4=\frac{\mathrm{DEL}}{\mathrm{GDP}}\times 10000 \tag{A.9}$$

式中,DEL 为直接经济损失(单位:亿元);GDP 为上一年国内生产总值(单位:亿元)。

表 A-2 台风灾害影响的评估因子系数

	a_1	a_2	a_3	a_4
系数	1.279×10^{-3}	2.648×10^{-4}	3.019×10^{-2}	1.974×10^{-2}

A8. 气候指数

气候指数是基于历史气候资料和未来气候预测结果，通过判断极端天气气候事件致灾阈值，结合社会经济数据及实际灾害损失分析，采用科学的方法对单一或综合气候灾害风险进行的定量化评价。由财新智库和国家气候中心联合发布的中国气候指数系列于2017年3月6日在北京首发。该指数系列为国内首创，填补了气候指数研发空白，开创了气候大数据服务实体经济之先河。中国气候指数系列将打造气候大数据开发应用的新坐标，结构化的气候信息将服务企业生产和居民生活的方方面面，拓宽新经济的广度和深度。

目前，中国气候指数系列包括气候风险指数、雨涝指数、干旱指数、台风指数、高温指数、低温冰冻指数等。月度指数于每月5日定期更新。

气候风险指数：是基于中国逐月干旱指数、暴雨指数、高温指数、低温冰冻指数和台风指数以及近年来气象灾害损失数据来计算。

低温指数：是基于候平均气温偏低程度等级以及候降雪日数进行非线性组合求得。

高温指数：是根据日最高气温等级及日最高气温≥35 ℃持续天数的非线性组合与日最低气温等级及日最低气温≥25 ℃的持续天数的非线性组合进行算术平均求得。

台风指数：是基于台风影响期间气象站点风雨资料，充分考虑站点间历史气象要素的差异性、气象要素量级间的差异性、风雨指标间的差异性等，对要素进行加权平均得到，风因子选用日最大风速，雨因子选用日降雨量。

暴雨指数：是根据日降水量等级与强降水日数的非线性关系计算得到。

干旱指数：是基于评估干旱程度的最近30天标准化降水指数，划分相应级别，确定日干旱指数并累积求得。

A9. 冬麦区气候条件评价方法

(1)评价区域的确定

选取冬小麦主产区的河北、北京、天津、山东、山西、河南、江苏、安徽、陕西、甘肃等省(市)，根据冬小麦品种特性以及耕作措施将冬小麦分成不同区域。

(2)评价方法

根据冬小麦各生育期降水、气温、活动积温以及日照时数等要素及其与常年值比较分析，结合冬小麦不同生育期对光、温、水的要求，评价该年冬麦区气候条件对冬小麦生长发育的影响。

A10. 气候对水资源影响评价方法与标准

A10.1 年降水资源评估方法

(1)各省(区、市)年降水资源计算方法

$$R_i = S_i \times \frac{1}{n}\sum_{j=1}^{n} R_j \qquad j = 1,2,3,\cdots,n \tag{A.10}$$

式中，R_i 为省（区、市）年降水资源量；R_j 为单站年降水量；j 为各省（区、市）内的气象站数；i 为全国 31 个省（区、市）；S_i 为各省（区、市）面积。

（2）全国年降水资源计算方法

$$R = \sum_{i=1}^{31} S_i \times \sum_{i=1}^{31} P_i R_i \qquad P_i = S_i \Big/ \sum_{i=1}^{31} S_i \tag{A. 11}$$

式中，P_i 为各省（区、市）的面积加权系数；R 为全国年降水资源。

（3）年降水资源评估方法

全国及各省（区、市）的年降水资源基本服从正态分布，按照年降水资源量偏离各自多年平均值的程度，将全国及各省（区、市）的年降水资源划分为 5 个等级（表 A-3），表示降水资源的丰枯状况。

表 A-3　年降水资源丰枯评估标准

年型	判别式
异常丰水年	$RS > \bar{R} + 1.5\sigma$
丰水年	$\bar{R} + 1.5\sigma \geqslant RS \geqslant \bar{R} + 0.7\sigma$
正常年	$\bar{R} + 0.7\sigma > RS > \bar{R} - 0.7\sigma$
枯水年	$\bar{R} - 0.7\sigma \geqslant RS \geqslant \bar{R} - 1.5\sigma$
异常枯水年	$\bar{R} - 1.5\sigma > RS$

注：RS、$\bar{R}$、σ 分别为全国或各省（区、市）的年降水资源、1981—2010 年多年平均值、均方差。

A10.2　全国年水资源总量评估方法

（1）水资源总量估算方法

区域水资源总量是指评价区域内地表水和地下水的总补给量。

由于实际统计水资源总量时，涉及项目广，需要详细的大量调查资料，计算复杂，对气候评价业务来讲难度大。考虑到水资源总量与年降水资源量关系密切，采用统计方法，解决水资源总量的计算问题，进而实现水资源总量丰枯评估。

（2）水资源总量线性估算方程如下

$$W_{\text{水资源总量}} = a_i \times W_{\text{年降水资源总量}} + b_i \tag{A. 12}$$

式中，a_i、b_i 为各省（区、市）的参数。该方法计算精度受建模资料序列长度和值域的影响较大。

全国年水资源总量为各省（区、市）年水资源总量的总和。

（3）水资源总量评估指标

评估指标确定与年降水资源评估方法类似。

（4）水资源短缺状况等级划分指标

水资源短缺表现为用水需求得不到保障。除与水资源数量及其时空分布、气候条件等自然因素有关外，还与经济结构、用水习惯和水平、管理状况等因素密切相关。人均年水资源量（米^3/人）为反映水资源短缺状况的一种常用指数，用于水资源短缺风险问题研究。这里采用联合国水资源短缺状况分类等级标准进行评估（表 A-4）。

表 A-4　水资源短缺状况等级划分指标

水资源短缺状况	等级标准(人均年水资源量/(米^3/人))
脆弱	1700～2500
紧张	1000～1700
缺水	500～1000
极缺	<500

(5)十大流域年地表水资源评估

十大流域年地表水资源评估根据各流域的降雨—径流关系，建立年降水量和年径流深的统计模型，用于十大流域的年地表水资源评估工作。具体计算过程：依据径流系数的概念，首先根据算术平均法计算全国十大流域年降水量，通过文献查阅获取十大流域径流系数，利用十大流域年降水量乘以径流系数，可得流域的年径流深，并进一步结合流域面积，可计算得到流域年地表水资源量。

A11. 大气自净能力评价方法与标准

受云量要素观测方法变更的影响，原有的基于地面气象观测站数据的大气自净能力指数(ASI)的计算方法无法继续使用。因此，根据朱蓉等(2018)的方法，基于中尺度数值模拟的逐小时输出结果来计算 ASI。

由于大气污染物浓度与大气对污染物的清除能力呈指数函数关系，因此，基于逐时大气边界层气象要素、考虑大气污染物累积效率的 ASI 计算公式为：

$$\mathrm{ASI}=\mathrm{ASI}_t\left(1-\mathrm{e}^{-\frac{v_c}{\tau}\delta t}\right)+\mathrm{ASI}_{t-1}\,\mathrm{e}^{-\frac{v_c}{\tau}\delta t} \tag{A.13}$$

式中，v_c 为大气对污染物的平流扩散和湿沉降能力；τ 为空气体积；t 为时间($t=1,2,\cdots,24$)；δt 为积分时间。计算 ASI 的地面风速、混合层高度等由 WRF 模式输出。大气稳定度可以根据 WRF 模式输出的地表感热通量、地面温度、地表粗糙度和摩擦速度首先计算莫宁-奥布霍夫长度，然后判断大气稳定度。

本方法基于逐时 ASI 计算 ASI 日均值，考虑了持续较低的大气自净能力导致的大气污染物累积效应，因此，该值与秋冬季京津冀、长三角、汾渭平原等 $PM_{2.5}$ 日均值相关系数相较观测资料计算结果有明显提高；同时参考朱蓉等(2018)的研究结果，当日 ASI 相对于 2001—2020 年同期(滑动 5 天平均)的距平百分率偏低 5%时，易发生大气重污染过程，因此，当某日满足该条件，定义为低自净能力日。

A12. 气候对能源影响评价方法与标准

A12.1　北方冬季采暖耗能评估

(1)地区及资料的选取

选取北方 15 个省(区、市)(黑龙江、吉林、辽宁、内蒙古、新疆、青海、甘肃、宁夏、陕西、山西、河北、河南、山东、北京及天津)的逐日平均气温及月平均气温资料。多年平均值采用 1991—2020 年 30 年平均。

(2)采暖期的确定

根据《中华人民共和国标准：采暖、通风与空气调节规范》的规定，日平均气温稳定≤5 ℃

的日期为采暖起始日期，日平均气温稳定≥5 ℃的日期为采暖结束日期，其间的天数为采暖期长度。

(3)采暖度日的定义

采暖度日是计算热状况的一种单位，为某一基准温度与日平均气温之差。我国以 5 ℃作为计算采暖度日的基础温度，日采暖度日表达式为：

$$D_i = t_0 - t_i \tag{A.14}$$

式中，D_i为某日的采暖度日值；t_0为基础温度（选定为 5 ℃）；t_i为逐日平均气温（单位为 ℃）。D_i取正值，若某日平均温度大于基础温度，则该日采暖度日为 0。

一段时期内的采暖期度日总量可以反映该时段温度的高低，度日值越大，表示温度越低，反之，表示温度越高。

(4)主采暖期的确定

由于我国北方采暖区范围大，气候条件差异明显，各地主要采暖期不能以统一的日期来确定。为此，依据各站多年平均采暖期开始和结束日期，若采暖起、止月内采暖天数超过 20 天，则确定该月为主采暖期的开始和结束月；否则，以其后一个月或前一个月为主采暖期的起、止月。

(5)北方采暖耗能评估模型

研究表明，采暖期度日总量的变化可以反映该采暖季采暖需求（采暖耗能）的变化。利用采暖度日与温度的相关性，建立单站及区域主采暖期及月的采暖耗能评估模型。

由于冬季（12 月至次年 2 月）的温度变化对整个采暖季的采暖需求（耗能）起决定性作用，因此，将各站主采暖期度日变率（即距平百分率）与冬季平均气温距平建立主采暖期采暖耗能评估模型，用于对整个采暖季（冬季）采暖耗能进行定量评估。区域主采暖期及月采暖评估方法与此类似。

A12.2 夏季降温耗能评估模型

(1)降温度日的定义

降温度日数是指一段时间（月、季或年）内日平均气温高于某一基础温度的累积度数。如果日平均气温低于该基础温度，则这一天无降温度日数。降温度日数越大，表示温度越高。

$$D = t - t_0 \tag{A.15}$$

式中，D 为降温度日值；t_0为基础气温；t 为逐日平均气温，单位均为 ℃。

(2)基础温度的设定

考虑到我国南方地区夏季气温高且持续时间长，降温设备的使用更加普遍，相应的降温耗能受气温的影响也更大。因此，将基础温度设定为 25 ℃。

(3)降温电量测算方法

先测算降温负荷。采用基准负荷法进行降温负荷的测算，直接利用电网的负荷曲线来推算降温负荷曲线。每日降温负荷由 96 点（国家电网每 15 分钟记录一次用电负荷，每 24 小时累积 96 个点）日负荷曲线减去 96 点基础负荷曲线获得，即

$$P_{c,d,h} = P_{d,h} - P_{dt,h} \tag{A.16}$$

其中，$P_{c,d,h}$为 d 天 h 小时的降温负荷；$P_{d,h}$为 d 天 h 小时的总负荷；$P_{dt,h}$为 d 天所对应的典型日 h 小时的基础负荷。典型日基础负荷曲线为春季典型日（4 月 15 日至 5 月 15 日）负荷曲线与秋季典型日（9 月 15 日至 10 月 15 日）负荷曲线的平均值。

降温电量为降温负荷在时间上的积分，发电量为负荷曲线在时间上的积分。降温电量占比为降温电量与发电量的比值。

(4)夏季降温评估模型

利用各省(区、市)夏季降温用电量占比与降温度日、降温度日距平和最高温距平 3 个变量建立降温耗能评估模型。模型如下：

$$\begin{aligned}\mathrm{erate}_i = & -7.984\mathrm{e}^{-2} + 1.137\mathrm{e}^{-3} \times \mathrm{cdd} - 2.092\mathrm{e}^{-6} \times \mathrm{cdd}^2 + \\ & 2.654\mathrm{e}^{-3} \times \mathrm{cddjp} - 1.952\mathrm{e}^{-5} \times \mathrm{cddjp}^2 + 3.902\mathrm{e}^{-2} \times \mathrm{tmaxjp} + \varepsilon_i \end{aligned} \tag{A.17}$$

式中，erate_i 为第 i 省(区、市)夏季降温用电量占比；cdd、cddjp、tmaxjp 分别为第 i 省(区、市)夏季降温度日、降温度日距平和最高温距平；ε_i 为各省(区、市)的个体差异系数。降温用电量及占比数据来自 2022 年省级电力部门，气象数据来自中国气象局。多年平均值采用 1991—2020 年 30 年平均。

A13. 交通运营不利天气计算方法

交通运营不利天气包括 10 毫米以上降水、雪、冻雨、雾及扬沙、沙尘暴、大风等天气。交通运营不利天气日数是指一段时期内，累积发生一种或几种上述天气现象日数的总和。

附录B　2022年全国主要冰雹和龙卷事件

(1)1月4—5日,贵州省安顺、黔南、贵阳、毕节4市(州)5个县(区)遭受风雹灾害,贵安新区(花溪区)在雷雨中夹降冰雹,黔南布依族苗族自治州龙里县冰雹最大直径10毫米。全省共计1.8万人受灾,农作物受灾面积3100公顷,直接经济损失1100余万元。

(2)1月19—21日,云南省普洱、玉溪、红河、保山、西双版纳等市(州)遭受大风、冰雹、局部暴雨等强对流天气袭击。其中,玉溪市峨山彝族自治县冰雹最大直径约15毫米,累积降雹时间约1小时,玉溪市红塔区冰雹最大直径约6毫米,降雹持续时间5分钟。全省共计4.8万人受灾,200余间房屋不同程度损坏;农作物受灾面积4600公顷,其中绝收近300公顷;直接经济损失3300余万元。

(3)2月5—6日,云南省临沧、保山、普洱、玉溪、红河、德宏等市(州)遭遇短时强降雨、冰雹、大风、雷暴等强对流天气。其中,最大降水为德宏州芒市双坡31.3毫米,临沧市临翔区冰雹直径5~10毫米,玉溪市红塔区极大风速为16.6米/秒,冰雹最大直径约4毫米。全省共计6.2万人受灾,农作物受灾4100公顷,直接经济损失5000余万元。

(4)2月19—28日,云南省临沧市云县境内栗树乡、后箐乡、晓街乡出现雷暴、大风、冰雹等强对流天气。共计157人受灾;小麦、蚕豆、豌豆、蔬菜等农作物受灾面积29.66公顷,成灾面积29.66公顷;损坏房屋3间,损坏大棚1座;直接经济损失32.05万元,其中农作物经济损失31.55万元。

(5)3月14日,安徽省黄山市歙县出现冰雹灾害天气,15时40分雄村镇出现直径5~10毫米的冰雹,15时52分森村乡出现直径25毫米的冰雹,16时07分长陔乡出现直径3~5毫米的冰雹,森村乡15时56分瞬时风速12.7米/秒;长陔乡15时57分瞬时风速14.1米/秒,16时30分区域范围冰雹天气结束。此次冰雹灾害天气过程,共计1.2万余人受灾,直接经济损失约363万元。

(6)3月14—16日,云南省昭通、红河、文山3市(州)5个县(市)遭受风雹、大风等强对流天气,红河州绿春县冰雹最大直径20毫米。此次过程造成4200余人受灾,农作物受灾面积近200公顷,直接经济损失600余万元。

(7)3月14日,四川省乐山、绵阳、眉山、宜宾、凉山5市(州)7个县(市、区)遭受风雹、冰雹等强对流灾害,冰雹最大直径超过12毫米,乐山市夹江县国家级气象观测站出现极大风速17.1米/秒,最大降水量为55.7毫米,共造成6400余人受灾,1300余间房屋不同程度损坏,农作物受灾面积200余公顷,直接经济损失400余万元。

(8)3月14日,重庆市石柱、丰都、南川等县(区)遭受风雹、冰雹等强对流灾害,最大降水量为52.8毫米,冰雹最大直径10毫米左右。共造成5400余人受灾,100余间房屋不同程度损坏,农作物受灾面积近400公顷,其中绝收面积100余公顷,直接经济损失900余万元。

(9)3月16日,受高空低槽、中低层低涡切变及地面冷空气共同影响,湖南省湘西土家族苗族自治州龙山县出现一次较强降水过程，并伴有短时强降水、雷雨大风、冰雹等强对流天气。据统计，全县共出现受灾点 40 处，农作物受灾面积 0.06 公顷，直接经济损失约 45.3 万元。

(10)3 月 16—17 日，湖北省恩施、襄阳、孝感、武汉、鄂州、黄冈、黄石等 10 市(州、直管市)26 县(市、区)出现区域性暴雨过程及大风、冰雹、雷电等强对流天气。此次过程共造成 17.63 万人受灾，紧急避险 1347 人、转移安置 462 人；农作物受灾面积 9650 公顷，其中绝收面积 2500 公顷；因灾倒塌房屋 45 间，不同程度损坏 2885 间；直接经济损失 1.45 亿元。

(11)3 月 16—18 日，广西壮族自治区柳州、桂林、河池 3 市 6 县(区)出现中到大雨及风雹、冰雹等强对流灾害，共造成 3329 人受灾，紧急转移安置 41 人；农作物受灾面积 214.11 公顷，其中成灾面积 111 公顷，绝收面积 88.5 公顷；严重损坏房屋 4 户 4 间，一般损坏房屋 95 户 147 间；直接经济损失 1090.65 万元。

(12)3 月 16—17 日，贵州省毕节、安顺、遵义、贵阳、黔南等市(州)出现暴雨、风雹、冰雹等强对流天气，毕节市织金县冰雹最大直径 5 毫米；安顺市关岭布依族苗族自治县冰雹最大直径 12 毫米；黔南布依族苗族自治州罗甸县冰雹最大直径 30 毫米，最大小时降雨量红水河镇沫村 29.7 毫米；贵阳市清镇市冰雹最大直径 20 毫米；安顺市紫云苗族布依族自治县冰雹最大直径 5 毫米；安顺市关岭县冰雹最大直径约 44 毫米。此次强对流过程共造成 6.5 万人受灾；农作物受灾面积 1.06 万公顷，绝收面积 4200 公顷；直接经济损失 34366 万余元。

(13)3 月 16—17 日，四川省乐山市犍为、峨眉山、夹江、沐川等 8 个县(市、区)遭受风雹灾害，乐山市市中区出现强对流天气，大部地方出现雷雨，雷雨时伴有阵性大风、短时强降水，平兴镇出现黄豆大小的冰雹。共计 2.4 万人受灾；2700 余间房屋不同程度损坏；农作物受灾面积 900 余公顷，其中绝收面积 100 余公顷；直接经济损失近 3400 万元。

(14)3 月 17 日，云南省曲靖市发生冰雹、雷电、大风等强对流天气，曲靖市富源县冰雹最大直径为 20 毫米。共造成 19.5 万人受灾，农作物受灾面积 1.35 万公顷，绝收面积 500 公顷，造成直接经济损失 7.89 亿元。

(15)3 月 19—22 日，湖北省出现持续低温阴雨，且伴有雷电、局部冰雹等强对流天气，神农架林区松柏境内出现直径达 1.3 毫米的冰雹。共造成 5.9 万人受灾；农作物受灾面积 5100 公顷，其中绝收面积 100 公顷；直接经济损失达 4372 万元。

(16)3 月 22—26 日，福建省出现暴雨过程，强度为偏强。此次暴雨过程中厦门、莆田、漳州和福州地区伴随出现了冰雹、短时强降水和雷雨大风等强对流天气。冰雹最大直径达 40 毫米，出现在长泰陈巷镇；极大风速最大达 27.6 米/秒，出现在同安区西柯镇。

(17)3 月 22—25 日，受较强冷空气影响，广东省粤北市和珠江三角洲、粤东市出现了大雨到暴雨，局部大暴雨，粤西市出现了雷阵雨局部大雨或暴雨；部分市伴有短时强降水、6～8 级短时大风和冰雹等强对流天气。据统计，全省平均降水量 81.5 毫米，韶关乳源县大布镇最大累积降雨量 293 毫米，同时大布镇在 22 日最大降雨量 157.6 毫米，云浮市云安区在 22 日 19 时最大小时雨量 64.1 毫米，清远市连山县永和镇最大阵风 25.9 米/秒(10 级)。

(18)3 月 22—26 日，受高空槽、切变线和冷空气共同影响，广西大部分地区出现明显降温、降雨及强对流天气过程。据广西国家级气象观测站雨量资料统计，3 月 22 日 20 时至 26 日 20 时，累积雨量大于 100 毫米的有 32 站，50～100 毫米的有 892 站，25～50 毫米的有 1067 站，最大为贺州市八步区大宁镇 186.5 毫米。桂林、柳州、河池、南宁、北海等地出现八级以上大风，最大为河池市天峨县八腊乡 22.1 米/秒(9 级)。另据广西国家级气象观测站雨量资料统计，22 日 20 时至 26 日 20 时，广西共出现大雨 48 站，暴雨 5 站，大风 10 站，冰雹 1 站。

(19)3 月 26 日，福建省漳州市长泰县武安镇和陈巷镇出现大风和冰雹等强对流天气，武安镇极大风速 19.4 米/秒(8 级)，陈巷镇极大风速 18.7 米/秒(8 级)。受强对流天气影响，共造成 9527 人受灾，紧急避险转移 47 人，果蔬、玉米等农作物受灾面积 984.16 公顷，一般损坏房屋 27 间，直接经济损失 3023 万元。

(20)3 月 26 日，受冷空气和切变线共同影响，广东省粤北、珠三角中北部、阳江和茂名的部分地区先后出现中到强雷雨，其中韶关、河源北部、梅州北部出现了局部暴雨，广州、佛山等地出现冰雹、雷雨大风等强对流天气，广州越秀、海珠、荔湾、天河、黄埔、番禺、增城均发布冰雹橙色预警，这次大范围的冰雹预警为广州 2022 年首次。

(21)4 月 5—6 日，河南省南阳市出现局地大风、冰雹等强对流天气，冰雹最大直径 5～6 毫米。造成 2 个行政村正值开花授粉期的山茱萸等经济作物和部分香菇种植大棚遭受损失，有 0.1 万人受灾，农作物受灾面积 249 公顷，绝收面积 15 公顷，直接经济损失 640.7 万元。

(22)4 月 11 日，受局地强对流影响，四川省资阳市乐至县出现雷电大风，并伴有短时降水、冰雹天气过程。此次过程有 750 人受灾，安置转移 3 人；农作物受灾面积 30.8 公顷；倒房 2 间，损坏房屋 60 间；直接经济损失 41.6 万元。

(23)4 月 11 日，四川省资阳市安岳县出现强降水并伴有大风、冰雹等强对流灾害天气过程，瞬时风速达 37.4 米/秒(13 级)，持续风力达 11 级，导致 11 个乡(镇)分别不同程度出现洪涝灾害，共造成约 1 万人不同程度受灾，轻伤 23 人，直接经济损失 563.73 万元。其中农作物受灾面积约 300 公顷，成灾面积约 180 公顷，绝收面积约 50 公顷，农作物直接损失 63.73 万元；房屋倒塌损坏共 103 间；直接经济损失约 200 万元；其他损失约 300 万元。

(24)4 月 11—12 日，受较强冷空气影响，河南大部分地区出现 7～9 级大风，北中部局地出现 10～12 级大风，最大风速许昌禹州无梁站 33.5 米/秒(12 级)，郑州登封清凉寺 25.4 米/秒(10 级)，新乡市区、辉县、获嘉和卫辉等地出现大风、冰雹和短时强降水，最大降水量 22.6 毫米(卫辉市唐庄镇)，最大风速 29.1 米/秒(卫辉市香泉)，冰雹最大直径为 10 毫米。安阳一座风力发电机被大风刮倒，灾害造成濮阳市南乐县和新乡市辉县市、卫辉市及长垣县 2 市 4 县(市)11 个乡(镇)部分西瓜、冬枣、西红柿等瓜果蔬菜种植大棚和家禽养殖大棚受损严重，造成 4569 人受灾，农作物受灾面积 444.1 公顷，直接经济损失 923.72 万元。

(25)4 月 11—12 日，云南省德宏、保山、昭通、临沧、普洱 5 市(州)7 个县(市)遭受风雹、大风、暴雨、冰雹等强对流灾害，造成 1.2 万人受灾，200 余间房屋不同程度损坏，农作物受灾面积近 700 公顷，直接经济损失 1300 余万元。

(26)4 月 11—12 日，受高原低槽和地面冷空气共同影响，四川省宜宾市各地出现了区域性暴雨强对流天气过程，雨量普遍中到大雨、局部暴雨、个别点大暴雨，并伴有雷电、6～8 级阵性大风和冰雹。截至 4 月 13 日 17 时，此次暴雨洪涝灾害造成南溪区、江安县、翠屏区、叙州区、三江新区 30 个乡(镇)27050 人受灾，紧急转移避险 1094 人，紧急转移安置 1 人；农作物受灾面积 1130.29 公顷，成灾面积 470.2 公顷，绝收面积 122.3 公顷，水产养殖 0.43 公顷；倒塌房屋 1 户 2 间，损坏房屋 1381 户 2390 间；直接经济损失 3087.37 万元。

(27)4 月 11—12 日，四川省自贡市出现强对流天气过程，全市总计 1.52 万人受灾；农作物受灾面积 1387.85 公顷，成灾面积 388.3 公顷，绝收面积 110.74 公顷；直接经济损失 1474.58 万元。全市共有 9 个站出现 7 级以上大风，其中富顺县李桥镇极大风速 36.9 米/秒

(12 级)。

(28)4 月 11—12 日，河北省邯郸市广平、武安、永年、肥乡等 6 县(市、区)遭受风雹、冰雹、大风等强对流天气过程。衡水市故城县极大风速 18.49 米/秒，冰雹最大直径大约 40 毫米；邯郸西部、中北部和东部冰雹最大直径 28 毫米，冰雹天气造成部分地区果蔬、中药材受灾，共造成 1.3 万人受灾，农作物受灾面积 1700 公顷，直接经济损失 300 余万元。

(29)4 月 11—12 日，河南省濮阳、新乡 2 市 3 县(市)遭受风雹、短时强降水、短时大风、雷电等强对流灾害性天气，新乡市卫辉市出现强对流天气过程，冰雹最大直径 10 毫米，最大小时雨强 21.6 毫米/时，极大风速出现在香泉水库 29.1 米/秒。共造成 400 余人受灾，农作物受灾面积 200 余公顷，直接经济损失 300 余万元。

(30)4 月 12 日，山东省大部地区出现雷雨天气，德州、滨州、济南 3 市出现冰雹天气，其中，德州冰雹最大直径约 20 毫米，持续时间超过 10 分钟。

(31)4 月 12—13 日，广西桂北部分地区有大雨到暴雨并伴有短时雷暴大风、冰雹等强对流天气。据广西国家级气象观测站资料统计，11 日 20 时至 13 日 20 时，累积雨量 50～100 毫米有 1 市 3 县(区)的 8 个乡镇，最大为桂林市灵川县灵田气象观测站(76.0 毫米)。

(32)4 月 12 日以来，贵州省毕节、遵义 2 市 3 县遭受大风、冰雹、风雹等强对流灾害性天气，毕节市赫章县遭受冰雹灾害，受灾 7327 人；直接经济损失 210.5 万元，其中农作物损失 203.4 万元。

(33)4 月 12 日，四川出现大风、冰雹等灾害性天气，局地灾情损失重。盆地内多地出现 10 级以上大风，其中安岳国家站极大风力达 13 级(37.4 米/秒)，为有气象记录以来的风速极大值；资阳、自贡、宜宾、乐山、雅安等市的部分地方降了冰雹。乐至县天池街道以南东山镇以北一线降雹持续时间 10 分钟左右，降雹密度 220 粒/米^2，冰雹最大直径 10 毫米左右；安岳县城城区至工业园区一线，降雹持续时间 20 分钟左右，冰雹最大直径 15 毫米，重量 12 克。此次大风、冰雹灾害造成房屋损坏，农作物受灾，树木倒塌及交通受阻，多个乡镇农户停电等不利影响和灾情损失。

(34)4 月 14 日，贵州省安龙县出现雷雨、冰雹等强对流灾害性天气过程，造成 322 人受灾，食用菌大棚受灾 59 个，农作物受灾面积 14.28 公顷，成灾面积 13.28 公顷，绝收面积 12 公顷，受灾农作物为高粱、玉米、水稻、油菜、樱桃；部分道路及电杆等基础设施受损。此次灾害造成直接经济损失 37.5 万元，其中农业经济损失 26.5 万元，基础设施 11 万元。

(35)4 月 14 日，贵州省黔西南布依族苗族自治州兴仁市、晴隆县、贞丰县、安龙县出现雷雨大风、冰雹、短时强降水等强对流天气过程，冰雹最大直径 30 毫米；此次灾害造成 148 人受灾；食用菌大棚受灾 50 个；农作物受灾面积 1.28 公顷；成灾面积 1.28 公顷；直接经济损失 26.5 万元。

(36)4 月 17 日，受南支槽天气系统和冷空气共同影响，云南省普洱市孟连傣族拉祜族佤族自治县出现小雨，局部中雨天气，局地伴有雷电、冰雹、大风等强对流天气；期间孟连县出现 10 级以上大风天气 3 站次，孟连县大部分地区发生大风灾害，导致部分民房损坏，部分农作物、经济作物不同程度受灾，给部分群众造成了一定的财产损失，共造成全县 373 户 1235 受灾，2 人因灾受伤，农作物受灾面积 5 公顷、经济林地受灾面积 2.2 公顷，灾害共造成直接经济损失 82.3 万元；西双版纳傣族自治州景洪市勐龙镇、勐旺、橄榄坝农场、东风农场等乡(镇)出现大雨并伴有大风、冰雹天气，共计 182 户 701 人受灾，农作物受灾面积 10.04 公顷，其中绝收面积 3.04 公顷，直接经济损失共计 28.78 万元；普洱市墨江哈尼族自治县那哈、文武等乡镇因出现雷雨、大风、冰雹等强对流天气，导致房屋、农作物受损，直接经济损失 38.4 万元。

(37)4 月 17—19 日，因受短时强降雨、大风、冰雹等强对流天气影响，云南省临沧市永德县崇岗乡、勐板乡、勐底农场遭受风雹灾害，导致玉米、豆角、橡胶树、芒果、烤烟不同程度受灾，电杆吹倒，电线扯断，通电一度受阻。造成 2161 人受灾，农作物受灾面积 548.01 公顷，成灾面积 188.65 公顷，直接经济损失 1350.78 万元；民房损坏 66 户 76 间，牲畜圈舍倒塌 2 间，直接经济损失 46 万元；电杆倒塌 3 根，电线扯断，直接经济损失 1.7 万元。

(38)4 月 17 日，受冷空气和西南气流共同影响，云南省红河哈尼族彝族自治州绿春县境内出现强降雨和冰雹灾害性天气，冰雹最大直径约 10 毫米。全县受灾 1346 人；农作物受灾面积 6.53 公顷，成灾面积 6.2 公顷，绝收面积 0.33 公顷；损坏房屋 6 间；直接经济损失 22.68 万元。

(39)4 月 18 日，受强对流天气影响，云南省西双版纳傣族自治州勐腊县关累镇、易武镇、勐仑镇、勐醒农场出现雷电、大风、冰雹、短时强降水天气。共计 1053 人受灾；农作物受灾面积 17.11 公顷，成灾面积 15.38 公顷，绝收面积 13.15 公顷；直接经济损失 152.52 万元。

(40)4 月 19 日，受局地强对流云团影响，云南省保山市腾冲市部分乡(镇)出现了雷雨、大风、冰雹等强对流天气。主要农作物烤烟、甘蔗、茶叶、油菜、土豆、韭菜、西番莲、百香果、重楼等受损，受灾面积 230.85 公顷，成灾面积 191.05 公顷，绝收面积 42.59 公顷；直接经济损失 1044.61 万元

(41)4 月 19 日，甘肃省陇南、天水 2 市 6 个县(区)遭受风雹、冰雹等强对流天气灾害。陇南市成县苏元镇、沙坝镇、纸坊镇等 5 个乡(镇)遭遇短时强降水、冰雹及阵性大风灾害，致使部分农作物受灾；陇南市康县部分地区出现阵性大风、冰雹灾害天气，冰雹直径 3～7 毫米，部分直径达到 10 毫米，持续 50 分钟，造成碾坝镇、平洛镇、城关镇、寺台镇、周家坝镇、太石乡 6 个乡(镇)3980 人受灾，小麦、土豆、蔬菜、油菜、核桃、花椒、中药材、桑树林受灾面积 257.05 公顷，成灾面积 208.27 公顷；经济损失 653.05 万元；天水市甘谷县金山镇王家山村出现雷电、大风、冰雹等强对流天气，冰雹最大直径约 15 毫米，持续时间最长约 15 分钟。共造成 1 个乡镇的 1 个村(96 户)，380 人受灾；农作物受灾面积 44.67 公顷，直接经济损失 138.8 万元。

(42)4 月 20—22 日，湖南省常德市临澧县、鼎城区、澧县、石门县、津市遭受冰雹灾害。4.3 万人受灾；农作物受灾面积 1.28 万公顷，其中绝收面积 700 余公顷；直接经济损失 5200 余万元。

(43)4 月 20 日，重庆市巫山县出现一次大风、冰雹强对流天气，全县龙溪、福田、大昌、双龙、官阳等地累积雨量 0.1～10.4 毫米，双龙、金坪出现了≥17 米/秒的大风，13 时 50—15 时全县自西北东南向出现冰雹，历时 1 小时 10 分钟，冰雹最大直径 10 毫米左右。共造成 9256 人受灾；农作物受灾面积 1798.52 公顷；损坏房屋 4 间；直接经济损失 446.94 万元。

(44)4 月 21 日，云南省曲靖市麒麟区潇湘街道沙坝村委会上松过河、下松过河、尖山 3 个村民小组，受到冰雹袭击，造成新栽种的烤烟受灾，部分烟苗受损严重，无法存活，冰雹灾害涉及栽烟户 43 户，187 人，受灾面积 62 公顷，成灾面积 34.4 公顷，绝收面积 20.47 公顷，直接经济损失 30.39 万元。

(45)4 月 22—29 日，福建省出现强对流天气过程，南平、三明、龙岩、泉州、漳州等 14 个县(市、区)出现冰雹，最大直径 35 毫米(22 日清流嵩溪镇)；大部地区出现短时强降水和雷雨大

风，此次过程造成18412人受灾，紧急转移安置215人；烟叶、果蔬等农作物受灾面积3515.15公顷；房屋倒塌4间；直接经济损失达1.95亿元。

(46)4月22日，受强对流云团影响，广西壮族自治区梧州市大部分地区出现中到大雨，局部暴雨，22日16时30分许，藤县太平镇、濛江镇、和平镇出现了冰雹天气。暴雨及冰雹导致藤县和长洲区出现灾情，梧州市藤县出现中到大雨，局部暴雨，并伴有短时雷雨大风、冰雹等强对流天气。冰雹历时约半小时，最大直径40～50毫米。此次强对流天气过程共造成受灾人口874人，紧急转移安置12人，直接经济损失达400.8万元。

(47)4月22日，云南省曲靖市宣威市境内出现强对流天气，部分地区出现冰雹，此次冰雹灾害共造成全市倘塘镇、双河乡、阿都乡、文兴乡、格宜镇、来宾街道、龙场镇、田坝镇8192公顷农作物不同程度受灾，成灾面积2114公顷，绝收面积275公顷；其他经济作物受灾面积2408公顷；民房受损2688间；直接经济损失7691.1万元，

(48)4月23—24日，贵州省六盘水、毕节、遵义3市5县(区)遭受冰雹灾害，毕节市金沙县、织金县出现雷雨、大风、冰雹等强对流天气，冰雹最大直径约7毫米，降雹时长约20分钟，玉米苗、高粱苗、水稻苗受损严重，成熟期油菜枝秆被风挂断，油菜荚被风刮倒，有部分绝收，低压电杆和通信电杆分别被风吹断4根，路灯杆被风掀翻16根，小范围区域停电，3.4万人受灾，100余间房屋不同程度损坏，农作物受灾面积3100公顷，直接经济损失8700余万元。

(49)4月24—25日，湖北省遭受强对流天气过程，鄂东南10市(州、直管市)26县(市、区)16.85万人受灾，紧急避险744人，转移安置1013人；农作物受灾面积1.84万公顷，其中绝收面积850公顷；因灾倒塌房屋73间；直接经济损失2.18亿元。

(50)4月28—29日，新疆巴州、阿克苏地区3县出现冰雹灾害，致农作物受灾面积4113.1公顷，直接经济损失1389.6万元。29日13时18分至14时30分，库尔勒市出现冰雹天气，造成棉花受灾面积316.0公顷，香梨受灾面积180.0公顷，直接经济损失909.6万元。

(51)5月6—7日，贵州省毕节、六盘水、黔西南3市(州)10个县(市、区)遭受风雹灾害，晴隆县城区出现102.8毫米的大暴雨，盘州、罗甸、兴仁、晴隆、黔西等10县(市、区)出现暴雨，最大小时雨强为兴仁县黄土老68.1毫米，大方、黔西、威宁、纳雍、钟山、盘州等12县(市、区)出现降雹，冰雹最大直径在晴隆城区(25毫米)，29站出现大风，最大风速在普定县鸡场坡(26.7米/秒；10级)，共造成4.5万人受灾，农作物受灾面积4400公顷，直接经济损失近1700万元。

(52)5月11—12日，贵州省黔西南布依族苗族自治州兴仁县出现暴雨、雷暴、大风、短时强降水、冰雹等强对流天气过程。冰雹最大直径10毫米，最大小时雨强59.5毫米/时，极大风速14.9米/秒。受灾1496人；农作物受灾面积155.88公顷，成灾面积60公顷，绝收13.33公顷；直接经济损失217.2万元。

(53)5月20日，山东省烟台栖霞、海阳、牟平和莱阳等地出现冰雹，栖霞冰雹最大直径10毫米，造成苹果、樱桃、小麦等作物不同程度受灾。全市受灾9946人；作物受灾面积1089.67公顷，成灾面积843.93公顷；直接经济损失2850.17万元。

(54)5月21—23日，陕西出现一次大范围大风、冰雹等强对流天气。21日，咸阳市旬邑县和长武县、西安市长安区太乙宫镇翠华山景区出现冰雹。旬邑马栏镇转角村、马栏村14时30分遭受冰雹灾害，冰雹持续时间5～6分钟，冰雹直径约10毫米；旬邑职田镇文家川村14时20分遭受冰雹灾害，暴雨加冰雹持续时间30分钟；旬邑清塬镇马来腰村二、三组15时36分遭受冰雹灾害，冰雹持续时间5～6分钟，雹粒直径约10毫米；长武彭公镇21日17时至17时20

分出现冰雹天气，最大直径有黄豆大小；西安翠华山景区 16 时 15 分出现小冰雹。22 日，榆林、延安出现冰雹；22 日 16 时 50 分榆林榆阳区马家峁村及可可盖村出现冰雹，持续时间 10 分钟；18 时 30 分至 19 时 30 分延安市志丹县杏河镇边咀村、杏河庙腰岘、顺宁镇托合树湾和吴起县五谷城东边部分乡村相继出现豌豆大小冰雹，持续时间几分钟。23 日，延安志丹、子长、安塞等地出现冰雹，持续时间约 10 分钟。

(55)5 月 31 日，受强对流天气影响，黑龙江省齐齐哈尔克山县北联镇建设村、复兴村遭受冰雹灾害袭击，冰雹持续时间 5 分钟，最大直径为 5 毫米，冰雹灾害导致部分玉米秧苗和黄豆被砸伤。受灾 270 人，农作物受灾面积 428.5 公顷，直接经济损失 310 万元。

(56)6 月 4 日，北京市通州区局地出现雷阵雨天气并伴有冰雹大风，19—21 时全区平均降水量 3.7 毫米，最大降水量出现在 101 农场(35.4 毫米)，最大风速出现在 101 农场(29.9 米/秒，风力 11 级)。此次冰雹突发性强，对全区西集、潞城、漷县镇部分村生产生活和基础设施造成不同程度的损失，主要导致果树枝叶和果实掉落，部分园区受损严重。受灾总面积 1140.2 公顷，直接经济损失 12831.86 万元。

(57)6 月 4 日，河北省廊坊市三河市燕郊镇遭受风雹灾害，致使西城子、兴都村 232 户受灾。瞬间风力达 10 级，降雨量达 8 毫米，冰雹密度达 8000 粒/米^2，持续时间约 30 分钟。导致农作物受灾，直接经济损失 333.3 万元。

(58)6 月 5 日，辽宁省朝阳、铁岭 2 市 3 个县(市、区)遭受风雹等强对流天气灾害，阜新市阜新蒙古族自治县务欢池镇、扎兰营子镇等 6 个乡(镇)发生雹灾，对农作物生长造成了一定的影响。受东北冷涡影响，5 日全县出现雷阵雨天气过程，雨量中到大雨，局部暴雨，部分乡镇出现冰雹。此次强对流天气共造成 8900 余人受灾，农作物受灾面积 3500 公顷，直接经济损失 1700 余万元。

(59)6 月 17 日，内蒙古自治区赤峰市翁牛特旗出现短时强降雨、风雹强对流天气，导致毛山东乡、广德公镇、解放营子乡、亿合公镇、五分地镇、格日僧苏木 6 个乡(镇)16 个村受灾。毛山东乡冰雹持续时间 11 分钟左右，冰雹最大直径约 40 毫米，冰雹最大厚度约 30 毫米。主要受灾有玉米、谷子、蔬菜等农作物。此次灾害导致 4955 人受灾；农作物受灾面积 2994.1 公顷，成灾面积 2598.1 公顷；直接经济损失 1183.4 余万元。

(60)6 月 22 日，黑龙江省绥化市绥棱县出现强对流天气，降雨持续近 2 小时，降雨量 39.6 毫米，瞬时风速达到 21.3 米/秒(风力 9 级)，并伴有降雹，持续时间 30 分钟，冰雹直径 15 毫米，18 时 10 分形成风雹灾害。受灾 338 户 774 人；农作物受灾面积 945.3 公顷，成灾面积 416.53 公顷，绝产面积 157.24 公顷；直接经济损失 461.87 万元。

(61)6 月 25 日，宁夏回族自治区中卫市中宁县出现降雨天气，累积降雨量 2.7 毫米。徐套乡小湾村出现冰雹，持续时间 2 分钟左右，直径约 10 毫米。全县硒砂瓜受灾面积为 133.33 公顷，成灾面积 63.33 公顷，经济损失 172.8 万元。

(62)7 月 1 日，宁夏回族自治区银川市灵武市受强对流及冰雹天气影响，临河镇、梧桐树乡的部分村枣树和玉米、小麦、水稻被冰雹袭击，小麦、玉米被大风吹倒。受灾面积 402.61 公顷，涉及受灾 769 户 2453 人，直接经济损失约 1510 万元。

(63)7 月 10 日，黑龙江省绥化市北林区东富镇、津河镇、东津镇、兴福镇遭受严重风雹灾害，最大风力达到 9 级，冰雹持续时间 25 分钟，冰雹最大直径达 25 毫米。农作物受灾面积 1208 公顷，成灾面积 322 公顷；造成 3632 人受灾；直接经济损失 181.2 万元。

(64)7月24日，宁夏回族自治区中卫市沙坡头区常乐镇、永康镇、迎水桥镇、香山乡局部区域发生冰雹及洪涝灾害，导致4个乡镇736户2262人受灾，农作物受灾面积2476.43公顷，直接经济损失8567.75万元。

(65)7月26日，青海省海北藏族自治州门源回族自治县浩门镇出现降雹天气，持续时间10分钟，冰雹最大直径9毫米，降雹过程伴有雷暴大风和降水，共13155户53630人受灾。青稞、油菜、小麦及其他(饲草、马铃薯、蔬菜等)农作物不同程度受灾，农作物受灾面积1.76万公顷，成灾面积1.39万公顷，绝收面积0.47万公顷；1159户农户房屋受损；直接经济损失约1.3725亿元。

(66)7月26日，陕西省延安市宝塔区3个乡镇出现降雹天气，分别为：枣园张天河17时50分，持续时间15分钟，冰雹直径10毫米；柳林镇北沟18时25分，持续时间3分钟，冰雹约为黄豆大小；李渠镇庐山卯17时，持续时间2分钟，冰雹约为黄豆大小。农作物受灾面积1073.7公顷，直接经济损失2129.05万元。

(67)8月21日，青海省海东市互助土族自治县北部部分乡(镇)出现冰雹天气，各乡(镇)不同程度受灾，共造成65633人受灾，紧急避险4576人；农作物受灾面积1.01万公顷，成灾面积0.66万公顷；7户27间房屋受损；直接经济损失12391.79万元。

(68)9月16日，青海省玉树藏族自治州囊谦县觉拉乡交江尼村、卡永宁村、布卫村、四红村、肖尚村、尕少村出现冰雹天气，冰雹最大直径为20毫米，冰雹持续时间15分钟，3314人不同程度受灾；农作物(黑青稞、青稞、燕麦、油菜)受灾较严重，造成部分绝收、部分减产；直接经济损失273.87万元。

(69)11月29日，福建省三明市清流县龙津、嵩口、温郊、嵩溪4个乡(镇)出现冰雹、大风天气。共造成2201人受灾，转移安置人口41人；农作物受灾面积43.65公顷，其中农作物绝收面积2.67公顷；农房严重受损20间，一般受损2122间；直接经济损失约1793.00万元。

附录C 2022年国内外主要气象灾害分布图

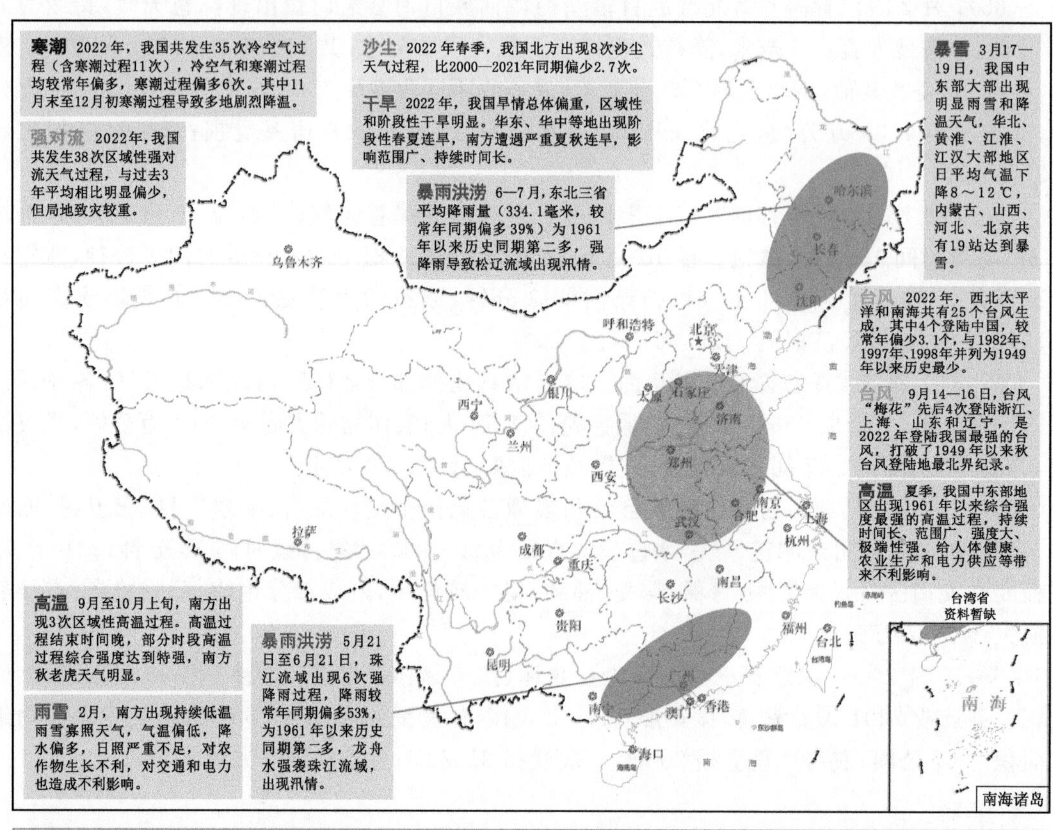

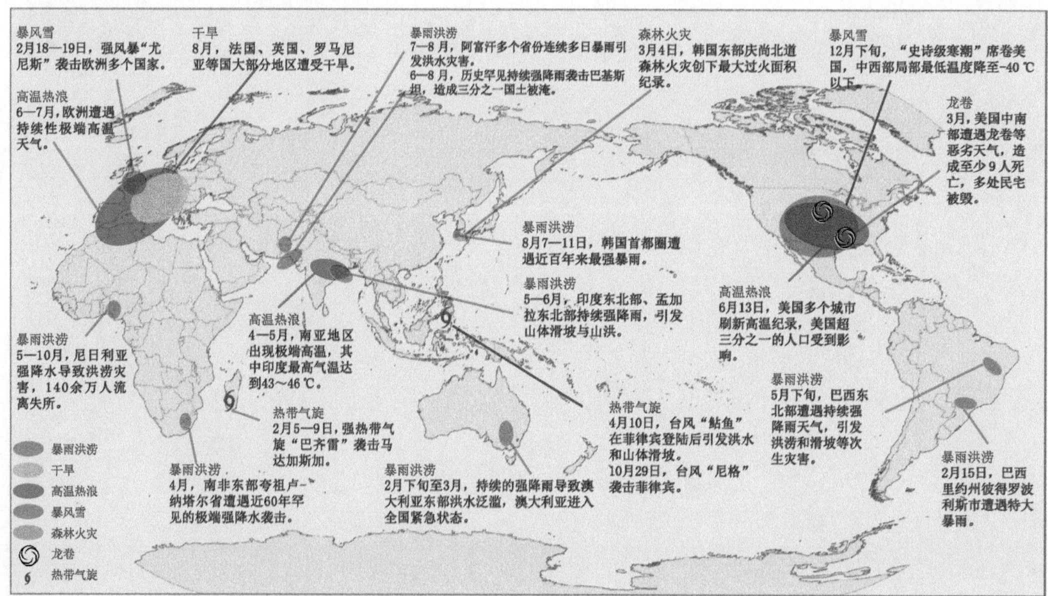

图C.1 2022年国内(上)、国外(下)主要气象灾害分布图